JN217664

HORSES

世界の馬 伝統と文化

breeds, cultures, traditions

【著】Susanna Cottica / Luca Paparelli
【監訳】末崎真澄

緑書房

2011, 2012 White Star s.r.l.
Piazzale Luigi Cadorna, 6, 20123 Milan, Italy
www.whitestar.it

HORSES breeds, cultures, traditions
by Susanna Cottica and Luca Paparelli

Japanese translation rights arranged with White Star s.r.l., Milan
through Tuttle-Mori Agency, Inc., Tokyo

奥深き馬の伝統と文化にふれる

馬をテーマにした美術書や写真集は、数多くみられる。それは先史時代から描かれ続けてきた馬そのものの魅力がなせるものであろう。クロマニョン人は、旧石器時代のラスコーの壁画のように、ランプを手元に置き暗い洞窟の壁に原始馬を描いた。その壁画は現代へのメッセージとして、馬の姿、野生の美しさを伝えている。しかし、現在そうした原始の姿を多く留めている馬は、モウコノウマ（プルツワルスキー）などわずかである。また古代ギリシャでは、馬は人間の次に美しい動物として賞賛され、多くの芸術作品が制作されている。近代ではエドワード・マイブリッジが1878年、疾走する馬の連続撮影に成功、1887年「動物の運動」を発表し、以降、被写体として美しい馬は、数え切れないほどの写真家たちによって写真集を飾ってきた。

現在、世界の馬の品種は、およそ150とされる。本書では多数の写真家が、世界に生きる在来種、スポーツ競技の馬術や競馬、伝統文化を支える馬を撮影し、その馬たちの魅力を紹介している。掲載されている写真は、馬の魅力を、極寒の環境や様々な情景にあらわしている。その写真には、馬の持つ自然の獣性、肌や毛色、たてがみの美しさ、眼の優しさ、スポーツ競技などで躍動する筋肉・息づく血管の描写、そして伝統文化の継承でみせる技、パートナーとしての人への信頼、人と馬の絆、馬の息づかいまでが、あますところなくファインダーで捉えられている。

本書は2人のジャーナリスト、スサンナ・コッティカとルカ・パパレッリが、世界各地で保護される在来種、継承される騎馬伝統文化の主役となる馬の品種を、乗馬インストラクターとしての経験、馬術のジャーナリストとしての豊富な知識から、それぞれの品種とその成立や交配の歴史、騎馬伝統文化の祭礼などを紹介する。高等馬術を演技するオーストリア・ウィーンのスペイン乗馬学校の馬術、フランス・ソミュールのカドルノワール、イギリス王室主催のアスコット競馬、オーストラリアのメルボルンカップ・カーニバルの華やかな様子、スペイン・セビリアの春祭り、中華人民共和国・リタンの競馬祭など世界各地の民族が継承する騎馬の祭礼行事についても、その起源と詳細を記している。本書から、著者、多くの写真家たちの馬への深い愛情を汲みとっていただき、馬の文化の奥深さを理解していただければ幸いである。

末筆となったが、競馬用語、馬術用語など難解な翻訳をしてくださった翻訳者へその労をねぎらうとともに、本書の監訳の機会を与えていただき、さらに刊行にあたり丁寧な編集の労を惜しまずにご尽力いただいた緑書房の石井秀昌氏に、深い謝意を表したい。

2019年　春

末崎真澄

目次

はじめに

馬の歴史において、自然と人間はその根幹をなす2大要素にほかならない。その2つは、直接的に作用することもあったし、間接的に作用することもあった。たとえば、馬たちが何世紀ものあいだ暮らしてきた環境によって引き起こされた変化は、自然が間接的に及ぼした影響であるし、人間が野生の馬を家畜化したあと、さまざまな品種の形成に大きく寄与した最初のブリーダーたちによる干渉は、人間が直接的に及ぼした影響といえる。

「品種」という言葉は、明確に定義された顕著な遺伝的特徴を備えた個体のグループを意味する。こんにち、馬の品種は数多く存在し、互いによく似た品種もあれば、ほかとはまったく異なる特徴を持った品種もある。それぞれ違う進化の系統に属するが、元をたどれば、すべての品種は新生代、より正確には始新世にあたる5,500万年前に生きていたエオヒップス（学名ヒラコテリウム）という単一の祖先に行き着く。これはキツネほどの大きさの動物で、体高は約30cm、前肢に4本、後肢に3本の指があり、爪は厚く、水かきのある指の裏には肉趾があった。草の葉や茎を常食にするエオヒップスの生息域は自ずと湿地林になったが、上記のような身体的特徴のおかげで、そうした場所を移動するのが容易だったと推測される。

エオヒップスが現在の馬（学名エクウス・カバルス）に進化するまでには、さまざまな紆余曲折を経ている。これは彼らの生息域におけるさまざまな外的条件の変化がもたらしたものだ。何千年もかけて気候と自然環境が移り変わってゆくなか、また、とりわけ広大な草原地帯の形成に至る植生変化の結果として、馬も重大な進化を遂げ、身体的特徴に大きな変化がいくつも加わったのである。こうした変化のうち、外見的なものは今から600万年前にピークを迎える。エクウス・カバルスの直近の祖先であるプリオヒップスは、体高120cmで、視覚・聴覚ともにそれ以前の種より優れ、何より重要なことは、指がひとつに進化したことである。現代の馬の先駆ともいうべきこの種は、ほかの場所でこそ絶滅してしまうものの、ヨーロッパ、アジア、アフリカの各地で、まったく異なる進化をはじめた。すなわち、今なおモンゴルに生息する最後の野生馬プルツェワルスキー種（モウコノウマ）、復元させられた個体がポーランドとウクライナに何頭か存在するタルパン、そして、ヨーロッパ北部の湿地帯に生息し、重輓馬の祖先と考えられているフォレスト・ホース（Forest Horse）である。

馬が初めて人間と出会ったのがいつか、正確な時期を特定するのは難しい。どうやら当初、アジアの草原地帯(ステップ）とヨーロッパの森林に住む初期人類は、馬を純然たる資源とみなしていたようだ。肉は食用、毛皮は衣類、骨は道具の材料に使えるからだ。やがて農耕の時代が訪れると、人間は馬を飼い馴らし、移動や輸送のため馬車を牽かせるようになる。これは人類史の発展においても重要な節目だった。なぜなら、馬を使うことで、より早い移動と旅行ができるようになったからだ。

こうして馬は人間の日常生活に欠かせない存在となり、その後何世紀と経るうちに、人類史を左右する決定的要素としての地位を不動のものにした。というのも、馬は人間の労働や輸送だけでなく、大規模な移住においても主役となったからである。北アメリカ大陸の在来馬はそれ以前にほぼ姿を消していたが、馬は人間に連れられて再びこの地を訪れ、新たに棲みついた。不思議なことに、現代の馬に至る祖先たちの進化の系譜を再構成するために必要な化石のなかで、とりわけ貴重なものは、まさに

口絵〈写真〉解説

1　頑丈でたくましい体躯が漆黒の毛でおおわれたフリージアンは、中世期に軍馬として活躍した。堂々たる体高と優美な歩様は、今でもパレードにはうってつけだ

4-5　子馬を連れたアヴェリネーゼ（ハフリンガーまたはイタリアアルプスに生息するアヴェリネーゼ）。小柄だがたくましく頑丈な馬で、動作は優美。人好きのする素直で優しい性格なので、大人にも子供にも向いている

6-7　晩冬のアイスランドで見られる典型的な光景。残雪のはざまから草が芽吹きはじめている。そこかしこで毛色の異なる馬たちが群れをなし、主にこうした新芽を食んでいる

その北アメリカで出土している。おそらく、馬発祥の地は北アメリカだったのだろう。それが、鮮新世(せんしんせい)の終わり、大規模な気候変動に伴い、北アメリカに出現したウマ科の最初の動物たちは南アメリカに、あるいはベーリング地峡を渡ってアジア、さらにはヨーロッパ（すでに述べたように、それにアフリカを加えた3カ所で、原始的な馬が別個に進化を遂げた）へと移動を強いられた。北アメリカにとどまった馬は、広範囲で相次いだ疫病によってほぼ死に絶えてしまう。その結果、16世紀、スペインのコンキスタドール（征服者）たちによって再び持ち込まれるまで、北アメリカに馬の姿は見られなかったのである。

馬はまた、戦争でも決定的な要素だった。特に、騎兵の登場以降はそれが著しい。歴史のあらゆる期間を通じて、騎兵は重要な征服戦争において主導的役割を果たした。したがって、アラビア種とその直接の子孫であるスペイン馬（両方とも、イギリスのサラブレッド同様、現代のすべての乗用馬および馬車馬の祖先にあたる）が、2大征服民族（すなわちムーア人とスペイン人）による長きにわたる全ヨーロッパの支配と密接な関わりがあるのは、単なる偶然ではない。それどころか、ある集団の軍事力とその集団がほかの集団に及ぼす影響力とのあいだには常に相関関係が存在したことを裏付ける例は非常に多い（たとえばモンゴル帝国やチュートン騎士団について考えてみてほしい）。特定の集団に関連し、なおかつ馬の普及にきわめて重大な役割を果たしてきた要因は、イスラム帝国とスペインの拡大に加え、もうひとつ存在する。それは「女王陛下の臣民」、つまり、イギリス連邦の人々が有する偉大な馬術の伝統の影響である。彼らは乗馬と競馬をこよなく愛する精神を世界中に広めた。18世紀末のイングランドでサラブレッドが生まれたのは、この情熱の結晶といえる。現在、サラブレッドは世界中のあらゆる馬の品種改良に使われている。

サラブレッドには、馬をある新しい分野で利用するのを促した偉大な功績が認められる。すなわち、娯楽と競技である。それまでとは違う領域で新たに見出された役割は、馬たちの運命を決定づけることになった。というのも、19世紀半ば以降、産業革命と機械化の普及によって、農耕、移動や輸送手段としての馬の重要性は失われたからである。彼らはトラクターや自動車、戦車に取って代わられ、当初、絶滅の危機に見舞われさえした。ところが、前世紀の半ば、馬は競技馬、あるいはゲームや冒険のパートナーとして生まれ変わることによって、生き残りを保証された。この転身がなかったら、はたして種の血脈を絶やさずにいられたかどうかはわからない。そしてこれが、馬の新しい品種（とりわけ乗用馬）が、さまざまな異種交配と人間による明確な選別の結果生まれた経緯(いきさつ)であると同時に、歴史的品種の（とりわけその起源、資質、適性に関する）確定と復元につながる契機でもあったのである。

馬術競技には、馬場馬術、障害飛越、総合馬術があり、エンデュランス、ウエスタン乗馬など、こんにち、馬を使ったスポーツや競技は数多く存在する。そしてその同じ馬が、趣味の乗馬やトレッキングの理想のパートナーでもある。一方で、馬の最も重要な役割のひとつは社会貢献であり、体や心に障害のある人たちのリハビリテーションにも活用されている。社会における馬の役割はきわめて重要であり、それは次のような名言に要約されているといえる。「騎手を失った馬は馬であるが、馬を失った騎手はもはや騎手ではない」

9　闘牛場の入り口に立つ優美なルシターノ種。この写真は、人間と馬と闘牛（スペインの闘牛と違って牛を殺さない）を結びつけるポルトガルならではの強い絆を余すところなく表現している

12-13　アパルーサとミニ・アパルーサは、長きにわたる注意深い選択的交配の成果だ。彼らは足もとが確かで敏捷性と速さを併せ持ち、ありとあらゆる地形を踏破できる。険しい道を行くことも、坂を登ることも下ることも、川の土手に沿って移動することも、なんら問題ない

14-15　コネマラ・ポニーの目は大きく、瞳は深みのある暗い色をしている。威厳を漂わせながらも優しげなそのまなざしからは、自尊心と同時に従順さと知性がうかがえる

5つの歩様を持つ馬

アイスランド

体高がせいぜい145cmと小柄なため、
ポニーに分類されてもおかしくはない。
だが、地元ブリーダーの前で
アイスランド・ホースをポニーと呼ぶのは御法度である。

アイスランド・ホースのブリーディングに携わり、そのことに誇りを抱いている人々は、このすばらしい生き物が小柄であることなどまるで意に介さない。なぜなら、アイスランド・ホースはこの島国の多様な地形や気候条件に最適な特性を、多く備えているからだ。そもそも、炎と氷の島アイスランドの風土に耐えることができる生物は、人間を含め、ごくわずかしか存在しない。国際協定ではアイスランド・ホースはポニーに分類されるが、アイスランドの人々にしてみれば、どこからどう見ても馬そのものだ。また、アイスランド・ホースは地方の人々の暮らしのなかで常に中心的な役割を担ってきた。山がちなこの島特有の地形のおかげで（なにしろ、1950年代初頭まで、まともな道路は1本も敷かれていなかった）、農場や家庭で重要な地位を保ち続けてきたのである。第二次世界大戦以降、自動車の普及に伴い、馬は徐々にジープやオフロード車両に取って代わられたが、アイスランド・ホースはその存在意義を失うこともなければ、仕事が減ることもなかった。それどころかむしろ、日常の牧羊の現場を中心にいまだに広く活用されていて、農家や田舎で働く人々の強い味方であり続けている。ちなみに、アイスランド人は昔から牧羊に熱心だった。この島の自然環境で生きてゆくことにかけて、馬と羊に勝る生き物はいない。

アイスランド・ホースは1年中野外で過ごすことに慣れており、何世紀ものあいだ、広大な牧草地を（秋の訪れとともにそこを離れるまで）羊たちと共有してきた。岩場や急斜面といった悪路での足もとの安定性と独特な歩様（何世紀も野外で生きてきた結果身についたもの）が、たくましい筋肉および頑丈な骨格と相まって、大いに重宝され、生まれ持った資質を存分に発揮できた。むしろ、極端な環境条件でますますそれらに磨きがかけられたとさえいえる。アイスランド・ホースは「5つの歩様を持つ馬」として知られ、特に「トルト（tölt）」と呼ばれる歩様（側対速歩）が有名だ。これは速めのアンブル（側対常歩）で、なめらかかつ着実、乗り心地も良く、これ以上ないくらい荒れた地形にも適している。ペース（側対歩）に相当するフェトガンガー（fetgangur）、トロット（速歩）に相当するブロック（Brokk）、ギャロップ（襲歩）に相当するストック（stokke）に加え、アイスランド・ホースはトルトと、アンブルに相当するスケイド（Skeid）をごく自然にこなすことができる。

毛色は千差万別、その組み合わせが全部で15通りもある。そんな優雅な小型馬の姿が目を惹かない眺望や景色など、アイスランドには存在しない。

16　アイスランド・ホースは雪を苦にしない。彼らは雪中でも俊敏に動けるし、それがかえって筋肉をたくましく発達させる要因にもなっている

17　粗食で頑丈なアイスランド馬は、1年中野外で過ごすことに慣れている。冬には長い毛が体を厚く覆い、寒さと過酷な天候から守ってくれる

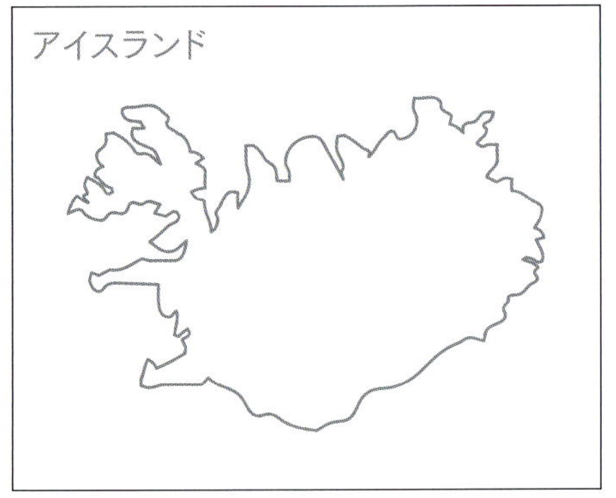

冬になるとアイスランド・ホースの被毛は濃くなり、悪天候から身を守るのに役立ってくれる。4月の末、雪が融けて、柔らかな草の芽が顔を出すころになると、彼らは山の上で放牧される。その広大な空間でひと夏を過ごし、繁殖にいそしむのである。冬を迎える前に、それぞれの農場の近くに戻るのだが、草は自分で見つけて食むので、干し草や飼い葉を与えられるのは、よほどの場合に限られる。アイスランド・ホースの特徴は忍耐力と仕事の効率の良さだが、これらに持ち前のパワーが加わることで、唯一無二の存在になっている。自分の体重の3分の1に相当する重さを背に乗せて難なく運ぶことができ（多くの品種は自重の5分の1しか運べない）、また自分の体重の

1.5倍の重さを楽々と牽引することができる。こうした筋力があるからこそ、何時間も鞍に人を乗せたまま、牧羊の重労働をこなしたり、（たとえば長く困難なトレッキングのような）人間のレジャーに付き合ったりすることが可能なのだ。この頑丈さでもって、競技の世界でも目覚ましい活躍を見せ、実際にアイスランドではトルトの大会が催され、馬たちがこの独特な歩様を競い合っている。

18　若い牡馬同士が争っているように見えるが、実は戯れているにすぎない。こうした行動が群れで生きるすべての動物にとって非常に重要なのは、仲間との絆を深め、自分たちの強さを鍛えてくれるからだ

18-19　アイスランドのいたるところで、大自然のなかに生きる馬の姿が見られる。雪が融け、柔らかな草の芽が地面から顔をのぞかせる4月を迎えると、彼らは草を食むため山に送られる

20-21 この小柄な品種には、アイスランドの厳しい気候を生き抜くための資質が備わっている。彼らのように足もとの安定性と頑丈な骨格を兼ね備えている動物は、まれである

22 草が青々と生い茂る夏の山岳地帯では、生まれて間もない子馬たちがたくましく、健やかに成長する。彼らはやがて、この地で働く人々にとってかけがえのない仲間になる

23 力強くどっしりとした体つき、たくましくも均整のとれた四肢のおかげで、アイスランド・ホースは自分の体重の3分の1を背負って運べ、体重の1.5倍を牽引できる

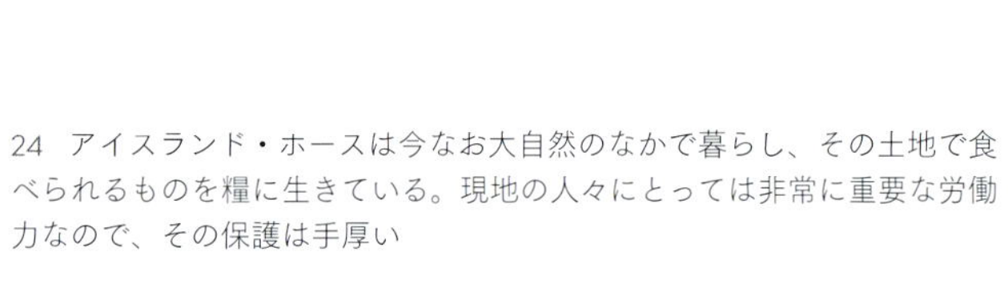

24 アイスランド・ホースは今なお大自然のなかで暮らし、その土地で食べられるものを糧に生きている。現地の人々にとっては非常に重要な労働力なので、その保護は手厚い

24-25 アイスランド・ホースといえば、何より5種類の歩様を持つことで知られる。ウォーク（常歩）、トロット（速歩）、キャンター（緩駆歩）に加え、アンブル（側対常歩）が可能で、さらに一種の早歩きともいうべきトルト（側対速歩）もできる

女神たちの駆る馬

ノルウェー

北欧神話では女神を乗せて天翔ける馬だったフィヨルド・ホース。現在は汎用性が高く信頼できるポニーとして重宝されている。

馬には想像力を掻きたて、神話や伝説、夢で見た光景といったものを思い出させる能力があるようだ。ヴァイキングの世界に結びついた古代北欧神話には、金色の被毛に覆われ、小柄ながらきわめて頑丈で、女神たちを背に乗せ、神々の寵愛を受けた馬が出てくる。ノルウェーのフィヨルドが原産のこの馬は、フィヨルド・ホースと呼ばれる。伝説はともかく、フィヨルド・ホースは世界で最も起源が古く、最も純血の度合いが高い品種のひとつと考えられている。現在のフィヨルド・ホースの祖先は、今から4,000年前にアジアからスカンディナヴィア半島に渡ってきて、そこで家畜化されたらしい。ごつごつした岩がちな地形に代表されるノルウェーの厳しい自然環境に鍛えあげられたこの馬の我慢強さと適応力は、特筆に値する。こうした資質に加え、利発だが気立てが優しく、調教が容易なこともあって、使役馬および軍馬として優れていた。ヴァイキングは向こう見ずな冒険に出かけるときはどこであろうと彼らを連れていったし、それだけでなく人為的な繁殖もはじめている。ヴァイキングは馬に鋤(すき)をつけ、人類史上いち早く農作業に活用した集団のひとつだ。田畑を耕していたフィヨルド・ホースはまもなく鞍と牽(ひ)き具をつけられ、荷馬としても使われるようになった。彼らは高い汎用性から、常にブリーダーと農家のすばらしい伴侶だったし、現在でも、ノルウェーの僻地では大切な家族の一員とみなされ、必要とあらばいつでも機械の代わりを務める働きものだ。

この品種の最も目立つ特徴のひとつが、その毛色だ。川原毛（月毛）で、き甲から尾の付け根まで背中をまっすぐに走る、いわゆる鰻線(まんせん)があり、個体によっては四肢にシマウマのような縞が出る。逆立っている粗いたてがみも尾も、黒い毛とほとんど銀色に近い白い毛に分かれている。伝統的に、たてがみはうなじから頚の湾曲に沿ってき甲まで続く独特な三日月形に刈り整えられる。こうすると、中央の黒い毛が外側の短い銀色の毛からはみ出し、魅力的な色彩効果が生まれるのだ。

フィヨルド・ホースの体高はき甲から134〜144cmで、

26-27 凍てつくような寒さが続くノルウェーの長い冬。厳しい寒さから身を守るため、フィヨルド・ホースは長く濃い冬毛で体を覆う

27 フィヨルド・ホースは、体の大きさからすれば馬というよりポニーだが、世界で最も起源が古く、最も純血の度合いが高い品種のひとつと考えられている。約4,000年前に、アジアからスカンディナヴィア半島に渡ってきた

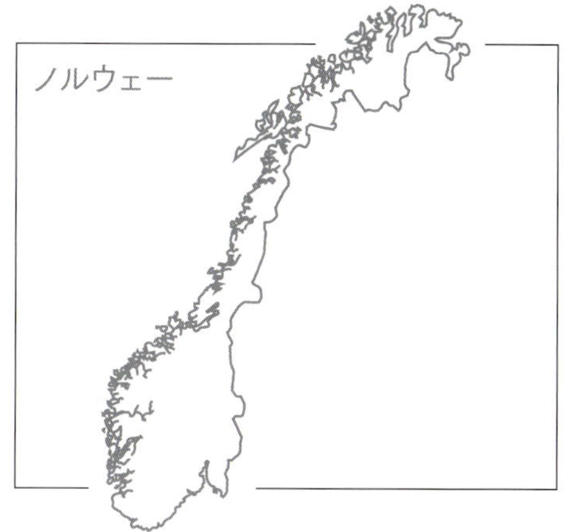
ノルウェー

どこからどう見てもポニーだが、ノルウェーでは馬とみなされている。体重は410～540kgあり、がっしりした体型が伊達ではないことを示す。それでも、安定した軽快な歩様で歩く、見た目の美しい馬であることには変わりない。

ポニー特有の大きな頭に広く平らな額、よく動く小さな耳を持つ。ノルウェー人は、「目は真夏の黄昏どきの山中の湖のように大きく、まばゆい」と言う。頚は均整がとれており、筋肉質で湾曲している。力強いがっしりした四肢と短く大きな脛、それに幅が広く硬い蹄を持つ、見るからに屈強な馬である。

気性は、ノルウェーのブリーダーに言わせれば、「春の滝のように生き生きとしている」という。賢いが素直でもあり、命じられたことはなんでもこなす。野良仕事に加え、現在では馬術でも活用され、乗馬教室のポニーとしても、競技（障害飛越、馬場馬術、エンデュランス、繋駕速歩競走（けいがそくほきょうそう））用の馬としても成功を収めている。心身のバランスが絶妙なため、ホースセラピー（馬による動物介在療法）でも使われている。

28-29　毛色は川原毛で、黒い鰻線が走っている。濃く粗いたてがみも尾も、黒い毛とほとんど銀色に近い白い毛に分かれている

29　フィヨルド・ホースのブリーディングをはじめたのは、人類史上いち早く馬を農作業に活用した集団のひとつ、ヴァイキングだった。ノルウェーには、いまだにこの馬が機械の代わりを務める地域がある

30-31 伝統的に、たてがみはうなじから頚の湾曲に沿ってき甲まで続く独特な三日月形に刈り整えられる。これがフィヨルド・ホースにユニークな外観を与えている

31 フィヨルド・ホースは大きな頭と力強いあごを持つが、これはポニーの典型的な特徴だ。大きな明るい目は優しい表情をたたえ、この馬の汎用性の高さの源泉である気立ての良さと素直な性質を映し出している

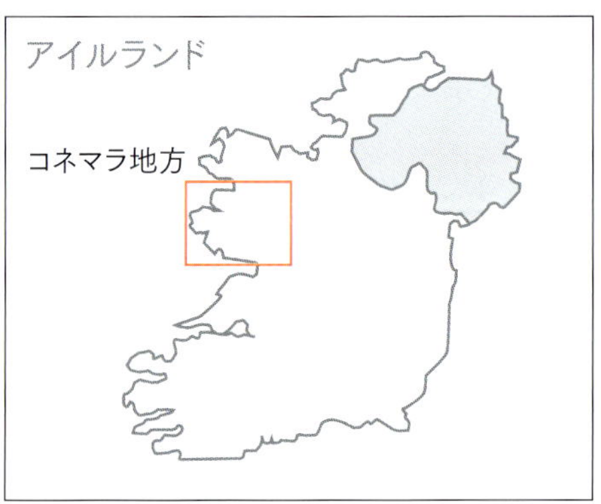
アイルランド
コネマラ地方

エール*と呼ばれし地より

アイルランド ■ コネマラ

小柄ながら頑丈で力強いコネマラ・ポニーは、乗馬スポーツの優れた担い手である。

アイルランドのゴールウェイ州は美しい大西洋岸地方の大部分を占め、さらには内陸に向かって伸び、アイルランド最大級の湖、コリブ湖を擁する広大な平原がある。この州の北西部に位置するのが、特異な景観をていするコネマラ地方だ。切り立った山々が赤みを帯びた泥炭地の広がる荒涼たる大地と鮮やかな対照をなし、青々とした湖水がそこかしこに点在する。また、フィヨルドと自然のままの砂浜をふんだんに残す大西洋岸がある。ほかではお目にかかれない大自然の美しさが凝縮されたこの地は、一生に一度は訪れてみる価値があり、きっと忘れがたい経験になるだろう。この地方では古代のゲール語が今も話され、人々はとてもフレンドリーだ。大自然にあふれたこの地こそ、コネマラ・ポニーの故郷であり、名前の由来でもある。

コネマラ・ポニーはこの地の貴重種だ。その姿かたちには、馬とそれが進化する環境のあいだに存在する密接な関係があらわれている。この馬の栄養摂取の根幹をなすのは、栄養価が非常に高く、ミネラルも豊富に含まれた草だ。この地域はメキシコ湾流の影響で、牧草が1年の大半を通じて青々と茂る。土壌はリン酸塩その他の希少ミネラルを豊富に含み、それがコネマラ・ポニーの体を丈夫にしてくれる。なかには栄養たっぷりの海藻を食べる個体もいる。一般に、ポニーの体格にはその土地の植生が大きく関わってくる。実際、ポニーの体高には相当な個体差があり、それはどの地域で生まれたかによって決まる。植生が比較的豊かな地域に生まれれば大柄になるし、そうでなければ小柄になる。コネマラ・ポニーは馬術競技に使われて成功を収めているし、また小柄なので、大人も子供も（平均的な体重であれば）乗せることができる。体高さえ135〜147cmと低くなければ、がっしりとしたたくましい体つきは、馬そのものである。とりわけ、田園地帯で鞍に揺られることを楽しむ趣味の乗馬と、馬車馬として重宝されている。さらに、アイルランドのブリーダーたちはコネマラ・ポニーの牝馬を競走馬の繁殖に使ったり、イギリスのサラブレッドの種牡馬と交配させたりすることも少なくない。

＊訳注：エールはアイルランド共和国の旧称

32-33 コネマラ・ポニーは原産地アイルランドの貴重な品種だ。より正確には、大西洋に臨むアイルランド北西部の自然豊かなコネマラ地方を故郷とし、名前もそれにちなむ

32 活発で機敏ながら頑丈なコネマラ・ポニーは、一流の競技馬であり、さまざまな馬術競技で卓越した能力を発揮する

34-35　コネマラ・ポニーの体つきはポニーというよりは馬に近い。にも関わらず体高が135〜147cmと低く、騎乗するには最適で、子供でも乗りこなせる

36　自然豊かな地方を原産とするコネマラ・ポニーは、大自然に鍛えあげられた遺伝子により、生まれつきたくましく勇敢だ。こうした特性は、ずっと昔から変わらない

37　いくつかの特徴のおかげで、コネマラ・ポニーは趣味の乗馬やトレッキングで非常に人気が高い。アイルランドのブリーダーは、コネマラ・ポニーの牝馬をイギリスのサラブレッドの種牡馬と交配させるなど、馬術競技用の馬の繁殖にも使う

貴重な斑毛

アイルランド

「ジプシーの財宝は音が鳴らず、光りもしないが、
その毛並みは陽光のもとで輝き、暗闇ではいななく」

ジプシーは卓越した遊牧民であり、何世紀ものあいだ、馬はいついかなるときも彼らの旅に欠かせない存在だった。といっても、ジプシーは単に馬に依存しているだけではなく、何より馬への愛情と敬意を抱いている。だからこそイギリス諸島のジプシーは、強く、疲れ知らずで、用途が広いうえ、優しく忠実な馬の品種をつくり出した。アイリッシュ・コブと呼ばれるこの馬は、ジプシーに属さない人々のあいだでも人気が高い。

アイリッシュ・コブが現在のような姿かたちになったのは、ひとえに、このすばらしい馬の生産をはじめたイギリスとアイルランドのジプシーの情熱の結晶だ。特に目を惹くのが、そのたくましい体つき、きわめて美しい斑の被毛、豊かな尾毛とたてがみ、そして蹄を完全に覆い隠し、ほとんど脛(すね)まで届く距毛(きょもう)である。斑毛の個体は非常に人気が高かったといわれている。簡単に見分けがつくので、馬泥棒に盗まれにくかったというのがその理由らしい。

アイリッシュ・コブにはほかにもいろいろな呼び方がある。一番有名なのはジプシー・バナーだろう。特にアメリカではこの名で知られている。また、多くのジプシーがこの馬の助けを借りてあちこちを巡回し、ブリキ屋を営んでいたため、ティンカー・ホース（鋳掛屋(いかけや)の馬）とも呼ばれる。ほかにも、ジプシー・コブ、トラディショナル・コブ、カラード・コブ、バッキー・アンド・ブラッティーなどの異称があるが、こうした呼び名は、あたかもそれぞれ別の品種であるかのような印象を与え、混乱を招いてきた。実際はすべてひとつの品種を指すのだが、国によって呼び方が違うのである。というのも、放浪の民であるジプシーは、祖国を持たない人々と考えられており、したがって、彼らの所有するものは（馬も含め）すべて、地理的な位置や正確な定義を持たないからである。

さらにいえば、ジプシーの文化は伝統的に口伝えだったため、この馬の来歴を記した文書は存在しない。

38　アイリッシュ・コブには違う呼び方がいくつもある。一番有名なのはジプシー・バナーで、特にアメリカではその名で知られている

39　アイリッシュ・コブはイギリス諸島が原産だ。実際、この馬を自分たちに都合の良いよう頑丈で疲れを知らない品種に改良したのは、イギリス諸島各地のジプシーだった

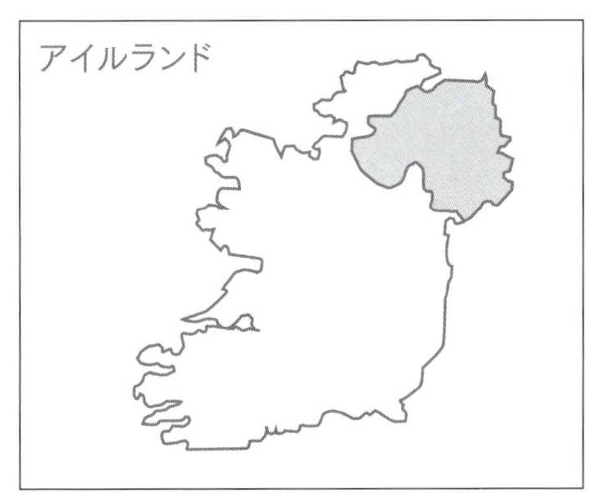

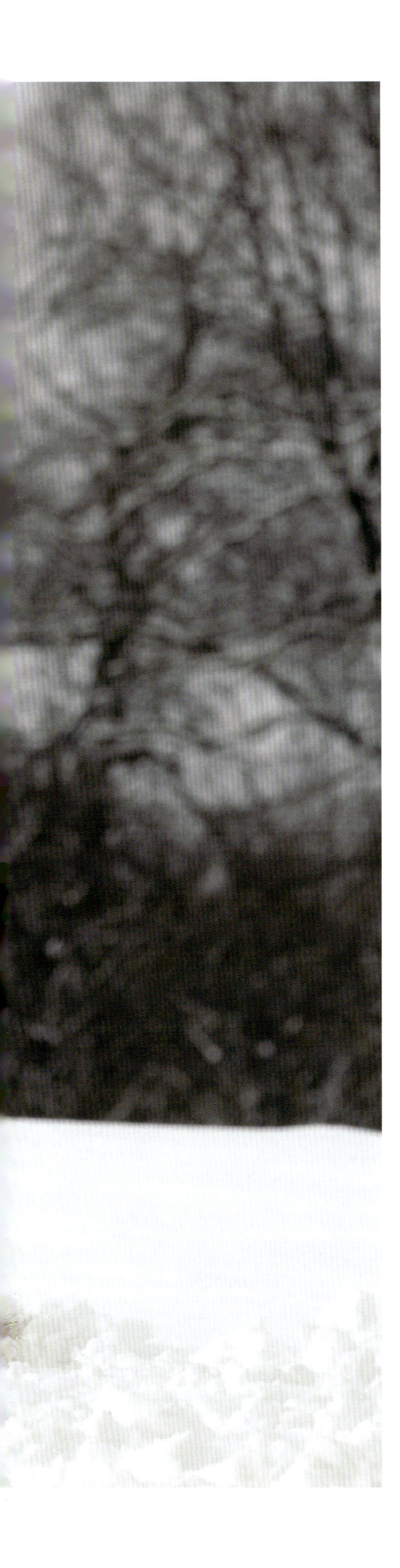

40-41 アイリッシュ・コブをより魅力的に見せている特徴は、密生した美しい斑毛、ふさふさとした尾毛とたてがみ、そして、蹄を覆う距毛である

41(上) アイリッシュ・コブの斑毛は非常に人気が高く、それゆえに意図的に生み出された特徴だったといわれている。斑毛の馬は容易に個体を識別できるので、馬泥棒に盗まれることがまれだったからだ

41(下) 頑丈で、さまざまな気候に対する抵抗力を備えているだけでなく、用途が広いうえに御しやすいとくれば、幌馬車に揺られるジプシーの長旅のパートナーとしては、理想的だった

品種としては、シャイアー、クライズデール、フリージアンデールズ・ポニー、フェル・ポニー、(スコティッシュ・)ギャロウェイといった品種の交雑の結果、生まれたと考えられている。ジプシーの住まいであり移動手段でもある明るい色使いの幌馬車にふさわしい軽輓馬として生み出され、その後、乗用馬としても優れていることがわかった。

ジプシーのあいだでは、アイリッシュ・コブはいまだに富の象徴と考えられている。ジプシーの多くはジプシーでない相手に馬を売る。実際、アイリッシュ・コブの勇気と頑丈さは、アイルランドという国にぴったりだし、クロスカントリーの担い手としても申し分ない。この馬はまた、優美な歩様と優れた跳躍力にも恵まれている。我慢強く気立ても良いので、子供を含め、乗り手を選ばない。

アイリッシュ・コブは、もはや流浪の生活を送るジプシーの輸送手段としては使われていない。しかし、アイルランドの片田舎を旅すれば、この馬に牽かれた色とりどりの幌馬車に出会うことは珍しくないだろう。もっとも、乗っているのはジプシーではなく、観光客だ。みごとなアイリッシュ・コブが牽く幌馬車に揺られて旅することは、アイルランド観光局おすすめの活動のひとつに数えられる。

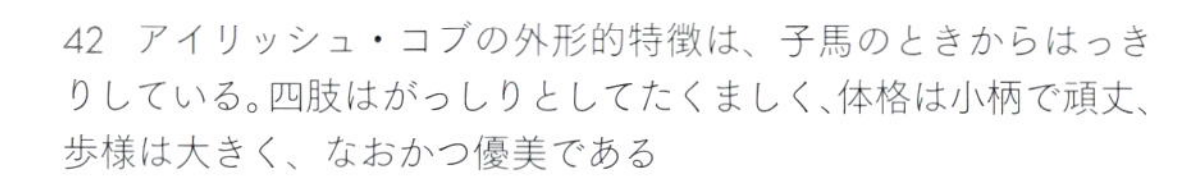

42 アイリッシュ・コブの外形的特徴は、子馬のときからはっきりしている。四肢はがっしりとしてたくましく、体格は小柄で頑丈、歩様は大きく、なおかつ優美である

42-43 模様の色と形は個体によって違う。アイリッシュ・コブは軽輓馬として繁殖育成され、その後、乗用馬としても優れていることがわかった。特に、アイルランドで乗馬を楽しむには最も適している

44-45　アイリッシュ・コブはもはや流浪の生活を送るジプシーに使われてはいない。しかし、アイルランドの片田舎を旅すれば、観光客を乗せた色とりどりの幌馬車を牽くアイリッシュ・コブに出会うことは珍しくない

イギリス
シェトランド
諸島

シェトランド諸島の小さな馬

イギリス ■ シェトランド諸島

丸っこい体と短い四肢のおかげで、
どこか滑稽で愛くるしいシェトランド・ポニー。
だが、侮ってはならない。
彼らはとても誇り高く、独立心旺盛なのだから。

シェトランド・ポニーは小柄な馬だが、乗馬の世界で大切な役割を果たしており、敬意を払ってしかるべきだ。素直な性質、高い知性と順応性に加え、ほど良い体高であることから、子供たちが初めて乗馬を体験する際には、申し分のないパートナーとなる。これは重い責任があるが、シェトランド・ポニーには都合が良いといえる。

この小柄で滑稽味のある、それでいて非常に知的なポニーの起源については諸説あるものの、スコットランドの北東に位置するシェトランド諸島が故郷だというにはなんの問題もない。素直な性質に加え、とても気遣いができるだけでなく用心深くもあり、そのうえ、きわめて感受性が豊かでもあることから、子供向けのポニー乗馬学校のスターというだけでなく、心や体に障害を負った子供たちのためのホースセラピー（馬による動物介在療法）でも広く活用されている。

粗食で丈夫なこのポニーは、非情に厳しい自然環境で生き抜くことを通じて、その身体的特徴と性質を培ってきた。シェトランド諸島には海から5km以上離れた場所は存在しない。食べものがあまりにも乏しいとき、シェトランド・ポニーは海辺まで出て、海藻で飢えをしのいだ。最も強い個体だけが厳しい冬を生き延びることができたため、長年の自然淘汰によって、この品種はより強く、より頑丈になった。シェトランド・ポニーの屈強ぶりは伝説的で、ほかのあらゆる品種をしのぐと考えられているほどだ。実際、彼らは自分の体重の2倍の重さを牽くことができる。そんな芸当ができるポニーはほかにいない。

イギリスの血統書によれば、シェトランド・ポニーとして認められる体高の上限はき甲まで106.7cmである。被毛の色はさまざまで、特に決まりはない。ただし、たてがみと尾毛は密生し、豊かでなければならない。尾は地面に触れるほど、前髪は鼻づらに届くぐらい長い。献身的で物事に動じないシェトランド・ポニーは疲れを知らない働きものであり、優れた適応力を駆使してなんでもすぐに覚え、与えられた仕事を根気よく、こつこつとこなす。こんにち、シェトランド・ポニーの主たる用途は、子供向けの趣味の乗馬や乗馬教育、または小型の優美なギグ（1頭立て二輪馬車）を牽くことだ。30年を超えて生きる個体もいるほど寿命が長いので、生涯の伴侶にすることもできる。主にイギリスでブリーディングされているが（毎年数千頭が生まれる）、世界中でごく普通に姿が見られる。

46-47　シェトランド・ポニーの子馬は子犬のようで、思わず抱きしめたくなるほど可愛らしい。幼くとも、ふさふさの被毛、豊かな前髪、小さな耳、この品種特有の滑稽な仕草は成馬と変わらない

46　シェトランド諸島に属するフーラ島で戯れるシェトランド・ポニーの子馬たち。ここは、この愛らしくも強くたくましいポニーの故郷だ。人のほとんどいない島だが、シェトランド・ポニーは数多く生息している

48-49　シェトランド・ポニーの体格と性質は、厳しい自然環境とすばらしい景観によって育まれた。特に性質は、この珍妙な写真から想像されるよりもずっと素直で優しい

50　馬同様、ポニーの姿かたちも生息地によって大きく異なる。シェトランド・ポニーの場合、その身体的特徴が、非常に厳しい気候条件および栄養条件に耐えることを可能にしている

51　ミニ・シェトランド・ポニーは（ミニ・ポニーの例に漏れず）自然種ではない。子供のペット用にと、長きにわたる念入りな選択的交配を通して人為的に生み出された小型馬である

イギリス

心優しき大型馬

イギリス

シャイアーは世界最大の馬だ。

イギリス諸島は優れた馬とポニーを数多く生み出している。しかし、シャイアーほど品質の良さと体の大きさの両方で知られる馬はいない。体格に関していえば、シャイアーは世界最大の馬である。祖先はラテン語で「マグヌス・エクウス」と呼ばれ、古代ローマによるブリタニア征服の時代にはすでに、その大きさと頑丈さが重宝されていた。もっとも、この巨大な馬が初めて記録にあらわれるのは12世紀にさかのぼる。1154年、スミスフィールド（訳注：シティ・オブ・ロンドンの北西部にある地域）でこの立派な馬を披露する品評会（共進会）が催されたことが記されている。従来荷馬や使役馬としてしか使われていなかったこの巨大な品種は、その後、戦場や騎士の馬上槍試合に姿をあらわすようになった。多くの資料によると、品種改良のため、フランドル地方やオランダから輓用馬（ばんようば）の種牡馬が輸入されたらしい。イングランド歴代の王たちは、人馬を飾り立てる装具の重みに耐えられるような、より大柄で筋肉質な馬を繁殖させることを促す勅令を出した。

中世においては、その資質と特徴を想起させるさまざまな名前で呼ばれていた。グレート・ホース（偉大な馬）、ストロング・ホース（強い馬）、ウォーホース（軍馬）、オールドイングリッシュ・ブラックホース（古いイギリスの黒馬）などである。シャイアーという名前が一般的になるのは、ヘンリー8世が法律でそのように定めてからだ。やがて馬鎧（うまよろい）と馬上槍試合の時代が終わると、この古くから存在する馬は再び使役馬または馬車馬として利用されるようになった。1877年、イギリスのブリーダーたちによってシャイアー協会が発足した。1879年には血統書が作成され、1886年には国王ジョージ5世の肝いりで、ロンドンのイズリントン区にある王立農産物展示場で最初の品評会が開かれた。

1961年以来、3月の終わりになると、シャイアー協会の本部があるピーターバラで、協会主催の春の品評会（スプリング・ショー）が開かれている。馬に関する催しとしては屈指の壮観さを誇り、世界中から見物客が訪れる。シャイアーは従来、巨体と力強さが基本的な特徴だったが、今ではむしろ気品と軽やかな歩様で知られている。大きな図体にも関わらず、ひとたび動き出せば軽快で、品が良く、優雅なのだ。体高は高いもので180cm、体重は1tを超えることを考えれば、シャイアーの品位と敏捷性はいっそう際立つ。この現代の巨大馬の顕著な特徴としては、そのほかに、距毛（きょもう）と呼ばれる、四肢を覆う被毛を挙げることができる。これは蹄からはじまり、しばしば脛（すね）まで達する。この被毛は農地の湿気から馬の肢を守ってくれるだけでなく、現代の品評会では評価の基準のひとつでもあるため、特に念入りに手入れを施される。しかし、シャイアーの本領は物を牽くことにあり、それは今でも変わっていない。何しろ、自分の体重の3〜4倍の重さをやすやすと運ぶことができるのだから。実際、ビア樽を積んだ荷車を牽く姿こそ、イギリスにおけるシャイアーの典型的なイメージである。賢く、調教が容易なうえ、非常に穏やかで気立ても良いため、馬車や荷車を牽くだけでなく、鞍をつけたり、手綱を緩めて自由な姿でも描かれる。馬の品評会は世界中で催されるが、この巨大な馬をかつて一度でも招待しなかった品評会は、おそらく存在しないのではないだろうか。

52-53　体高180cm余り、体重1tを超える巨体を持つシャイアーだが、軽快に動き、なめらかに足を運ぶ。その姿からは思いがけない気品が感じられる

52　シャイアーは世界最大の馬であり、四肢の距毛のおかげで、最も識別が容易な部類に属する。もっとも、巨体と距毛のほかにも、この馬が世界中で知られ人気を博するようになった特徴が多くある

54　現在、シャイアーはその本分に立ち戻り、輸送手段として活用されている。しかし中世には戦闘や馬上槍試合にも使われ、乗用馬としても優れた資質を備えていることを示した

54-55　その巨体から、シャイアーの祖先はラテン語でマグヌス・エクウス（大きな馬）と呼ばれていた。彼らの子孫は荷馬車や馬車、農耕具を苦もなく牽引することで、先祖の名前に恥じない力強さをいかんなく発揮している

イギリス
アスコット

王立競馬場

イギリス ■ アスコット

イギリス女王が建設したアスコット競馬場は、
競馬とイギリス上流社会の聖地のひとつに数えられる。

1711年の初夏、狩猟と競馬をこよなく愛するイギリスのアン女王は、ウィンザー城からほど近い、開けた野原(オープン・ヒース)を馬車で通りかかった。王室の所領になって間もない土地で、当時はイースト・コウト（East Cote）と呼ばれていた。女王は「馬たちが全力で駆けるのにふさわしい広い直線コースだ」と感じ、競馬場をつくることに決めた。

ただちに工事がはじめられ、その年の8月11日、アン女王の御前で、アスコット競馬場は最初のレース、「アン女王陛下プレート」を開催した。賞金総額は100ギニーで、牡馬も牝馬も出走できた。これが、サラブレッドによるレースの殿堂のひとつが生まれた経緯(いきさつ)である。それから長い歳月を経るあいだに近代的な設備が整えられたが、今もなお3世紀に及ぶ歴史の息吹を感じることができる。実のところ、スポーツが行われる場所として、これほどまでに輝かしい伝統を有するところは数えるほどしかない。世界最強クラスのサラブレッドたちが速さを競う三角形に近いコースは、300年にわたって変更されておらず、その事実がアスコット競馬場をほとんど魔術的ともいえる場所にしているのである。

開設以来、国王も女王もレースを観戦するのが通例になっている。近くのウィンザー城から王族が御料馬車を乗りつけることで、レースはいっそう厳かなものとなる。貴族の世界で最も人気のある社交イベントのひとつに数えられる所以である。こんにちに至るも、アスコット競馬場は正真正銘のイギリスの由緒ある施設であり続けている。ロイヤル・アスコット競馬は、イギリスで1年を通じて開催されるさまざまな社交イベントのなかで最も重要なもののひとつであり、レースを見ることよりも、むしろそこで自分の姿を見られることの方が大切になる。貴族や裕福な市民や上流階級の人々にとっては何をおいても出席すべき催しで、彼らの目的は、女王とその招待客に至れり尽くせりのサービスを提供する特設スタンド「ロイヤル・エンクロージャー」に自分の席を確保することだ。男性のドレスコードは厳しく、黒かグレーのモーニングを着用し、シルクハットをかぶらなければならない。一方、女性には洗練された「ドレスコード」を披露することが許されており、色とりどりの帽子がそうした衣装に花を添える。アスコット競馬場は常にエレガンスの代名詞であり、伝統と格式とファッションが混然一体となる場所なのである。

アスコット競馬場は年間25日レースを開催するが、そのうち16日は5～10月に行われる。6月に開催される“ロイヤル・ミーティング（王室主催の競馬）”のハイライトは、ゴールドカップ（距離2マイル4ハロン）と、それに続くクイーンアンステークス（アスコット競馬場を建設したアン女王を讃えるレース。距離1マイル）だ。しかし、最強馬が集うのは7月に開催されるキングジョージVI世＆クイーンエリザベスステークスで、3歳以上のサラブレッドが出走できる。距離は1マイルと4ハロン、賞金は125万ポンド（2018年）である。

このレースを2度制した馬はダリア（1973年と1974年）とスウェイン（1997年と1998年）のみだが、歴代チャンピオンには偉大なリボー（1956年）をはじめ、数多くの名馬が名を連ねている。

56-57 開設から300年余り。アスコット競馬場は今なお特別な場所だ。現代的な増築が施された部分も多いが、その魔術的魅力は変わらない

56 走路はアスコット競馬場の象徴であり、心臓でもある。競馬史に名をとどめるサラブレッドなら、一度は走ったことがあるはずだ。コースのレイアウトは開設当時からほとんど変わっていない

58　8月11日はアスコット競馬場と競馬の歴史にとって記念すべき日だ。1711年のこの日、かの有名な「アン女王陛下プレート」の第1回目が開催されたのである。当時の優勝賞金は100ギニーだった

58-59　アスコット競馬場はイギリス王室の所有で、正真正銘のイギリスの由緒ある施設である。最近、年間の観客総数が50万人台を突破した

60 アスコット競馬場の1年は一流レースが目白押しだが、なかでも6月に開催される“ロイヤル・ミーティング”は世界中に熱狂的なファンを持つ、ヨーロッパで最も格式の高い王室主催の競馬である

61 アスコット競馬場では数々の重要レースが行われる。特に7月に開催されるキングジョージVI世&クイーンエリザベスステークスは、サラブレッドの3歳以上の古馬が一躍スターダムにのしあがるチャンスだ

2

62-63　アスコット競馬場で勝つことは、競馬の世界で殿堂入りを果たすことを意味する。それだけに、どの馬にも手が届く栄冠というわけではなく、たとえば、これまでキングジョージVI世＆クイーンエリザベスステークスを2度制した馬はわずか2頭しかいない

イギリス
ロンドン

イギリス王室
近衛騎兵連隊

イギリス ■ ロンドン

イギリスの君主制は
世界有数のすばらしい伝統を維持している。
それは近衛騎兵連隊だ。
彼らは毎日、
バッキンガム宮殿の衛兵交代式に合わせて
通りを行進する。

1660年、王宮の警備を専門に行う目的で、イギリス陸軍に近衛歩兵連隊と近衛騎兵連隊が創設された。両連隊はロンドン軍管区にある王族の公的な住まい（セント・ジェームズ宮殿、バッキンガム宮殿、ロンドン塔、ウィンザー城）に配備されている。騎兵と歩兵は、それぞれクイーンズライフガーズとクイーンズガードに所属する。クイーンズガードはロンドンのセント・ジェームズ宮殿の警護を担う派遣隊とバッキンガム宮殿の警護を担う派遣隊を擁する。一方、クイーンズライフガーズは両宮殿の正式な入り口であるホースガーズ・ゲートの騎兵警護を担当する。通常、王室近衛騎兵連隊に所属する騎兵がこの任にあたる。近衛兵はエディンバラにあるホリールード宮殿など、王族のその他の住居の警護にもあたっている。

バッキンガム宮殿正面で行われる衛兵交代式は、午前11時半にはじまり、30分で終了する。5〜7月は毎日、秋冬は1日おきに実施されるが、雨天の場合は中止されることもある。交代式が行われるあいだは宮殿が無警戒になるため、ちょうどその時間帯にバッキンガム宮殿の前を通るよう、近衛騎兵連隊がハイドパークの近衛連隊兵舎を出て、ホースガードの司令部のある兵舎に向かう。バッキンガム宮殿は王族の住居として名高く、その前で行われる衛兵交代式は世界で最も有名な儀式のひとつに数えられる。同様に厳粛な交代式は、ウィンザー城でも見ることができる。

近衛騎兵が乗る馬は一般に青毛または黒鹿毛である。一様に体高が高く、屈強で、行進の際に調和の効果を生み出すため、非常によく似た体つきをしている。動きが良く、調教が行き届いていて忍耐強い彼らは、きちんと隊列を組んで前に進む。近衛騎兵連隊に所属する馬はすべて、バッキンガム宮殿に隣接する厩舎に収容されている。この厩舎は、宮殿改築の際に設計を手がけた建築家ジョン・ナッシュ（1752〜1835年）によって拡張されたものだ。

64-65　バッキンガム宮殿で毎日行われる衛兵交代式は、イギリス君主制が今も受け継ぐ最も有名な伝統のひとつであり、ロンドンを訪れた際には見逃せないイベントである

64　交代式は午前11時半にはじまり30分で終了するが、早い衛兵は15分前に軍楽隊と一緒にやってくる。それを合わせると45分、楽しめる計算だ

66-67　衛兵交代式が行われているあいだ、宮殿は無警戒になってしまう。そのため、ちょうどその時間帯に近衛騎兵連隊がバッキンガム宮殿の前を通りかかることで、防備に空白が生じないようにしている

68　騎兵隊の馬の調教が非常に重要なのは、長時間その場にじっとしていなければならないうえ、きちんと隊列を組んだまま、一糸乱れず前に進まなければならないからだ

68-69　特定の品種に限定されてはいないが、どの馬も黒鹿毛または青毛で、普段はバッキンガム宮殿の厩舎に収容されている

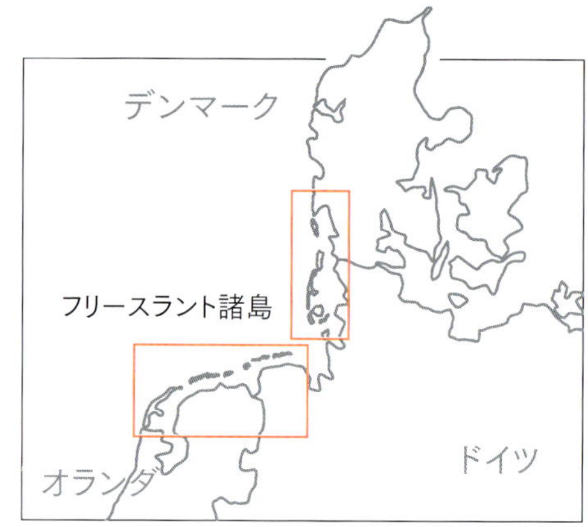

70-71 フリージアンの原産地はオランダ、ドイツ、デンマークの海岸線から数km沖合に浮かぶ北海の著名な諸島である。これらの島々へは、干潮のときには徒歩で、または馬に乗って簡単に渡ることができる

中世の遺産

デンマーク、ドイツ、オランダ ■ フリースラント諸島

フリージアンの艶やかな被毛は、
何世紀にもわたる歴史を目撃してきた。

何世紀もの歳月によって隔てられた過去と現在、その隔たりを埋めることのできる馬が仮にいるとすれば、それはフリージアンをおいてほかにない。彼らは、その漆黒の毛並みの駿馬が将軍や諸侯に愛された時代へと、私たちをいざなってくれる。実際、その進化の経緯によって、フリージアンはひとつの時代を代表する存在といえる。フリージアンは中世からそのまま現代にやってきた馬だ。サーカスの出しものや高等馬術のショー、あるいは映画製作の場において、馬上槍試合や歴史衣装の再現ショーといえばフリージアンが不動の一番人気を誇るのは、この馬と中世という時代（およびそれに結びついた図像）のあいだに存在する強い絆のなせるわざであり、決して偶然ではない。その姿かたちと際立った特徴の数々は、長い歳月を経てもほとんど変わっていない。

オランダ北部のフリースラント諸島はフリージアンの原産地で、オランダからドイツ、デンマークに及ぶ海岸線からわずか数km沖に大小の島々が連なる多島海を形成している。この島々は珍しい地形的特徴で知られる。干潮のときには海岸から徒歩で、あるいは馬に乗って渡ってこられる。潮が引くとあらわれる、ぬかるんだ細い陸地をたどってくれば良いのである。フリージアンはこの島々の特殊な地形・気候のなかで進化を遂げた結果、知名度が高まり、重宝される品種となった。今では世界の多くの場所で飼養されている。頑丈な体つき、敏捷さ、知性、人懐っこさといった気質のおかげで、さまざまな用途に使える馬ともみなされてきた。

フリージアンは長い歳月を経るうちに、乗用馬として優れているだけでなく、何よりも農作業で非常に使い勝手が良く、輓用馬にも向いていることがわかった。このすばらしい馬は何世紀ものあいだ、フリースラント諸島とそこに隣接するドイツの住民にとって忠実なパートナーであり、平時においても戦時においても日常生活全般の助けになってきた。この青毛の馬は、チュートン騎士団に加わって十字軍の遠征にも赴いている。彼らが気性の荒い小柄な砂漠の馬たちに初めて接触したのは、おそらく聖地パレスチナだっただろう。こうしたアラブ馬の血が注入されたことで、フリージアンは軍馬というよりは乗用馬としていっそう優れた品種になり、人気が沸騰し、大々的に普及した。それは、15世紀のフランドル派の画家たちの手によって描かれた数々のフリージアンの絵からも推測することができる。貴族や騎士、諸候が好んでこの馬にまたがるようになったのは、重装備で身を固めた騎乗者の重みに耐える能力があることと、合戦や一騎打ちで敵の攻撃をしのぐのに欠かせない圧倒的な敏捷性と速力を誇るからだった。

オランダがスペインの支配下にあった16世紀から17世紀にかけて、フリージアンはアンダルシア馬や東洋の駿馬と交配してきびきびとしたハイステップ・トロット（肢を高く上げるトロット）を受け継ぎ、馬車を牽かせるのにきわめて適した品種になった。軍馬としても馬車馬としても使えるということになれば、“改良用の”品種としての成功は保証されたも同然だった。優れた個体の輸出を通じて、フリージアンは直接的または間接的に、その遺伝子で繫駕競走用の多くの他品種の形成に貢献した。この立派な馬が人目を惹くのは、その堂々たる体高と蹄を覆う特徴的な距毛だ。しかし、フリージアンの真価は移動するときにこそ発揮される。あふれる精気とみごとなハイステップ・トロットのおかげで、その姿はほとんど優美でさえあり、豊かなたてがみと尾毛が波打つさまは、まるで舞いを踊っているかのように見える。現在、フリージアンはほぼ世界中で飼養されており、オランダのフリースラント州ドラハテンにあるフリッシュ・パールデン・スタンブク（フリージアンの血統書を保管する組織）が承認する協会も数多く存在する。

72 体力、敏捷性、知性と三拍子そろっているうえ人懐っこくもあるフリージアンは、用途の広い馬だ。その姿は多くの国で見ることができる。身のこなしの軽やかな輓用馬として、ほかの品種を「改良する」ために使われる品種になった

73 16世紀から17世紀にかけてオランダがスペインの支配下にあったことで、在来種と優美なイベリア馬との交雑が否応なく進み、フリージアンのさらなる進化につながった

74-75 フリージアンはきびきびとした、それでいてしなやかな歩様と動きを見せる。豊かなたてがみの波打つ様子が優雅な趣きに拍車をかけ、まるで踊っているように見える。そして艶やかな青毛が、さらにその優美さを際立たせるのである

ドイツ
ロットアッハ＝
エーガーン

馬の日

ドイツ ■ ロットアッハ＝エーガーン

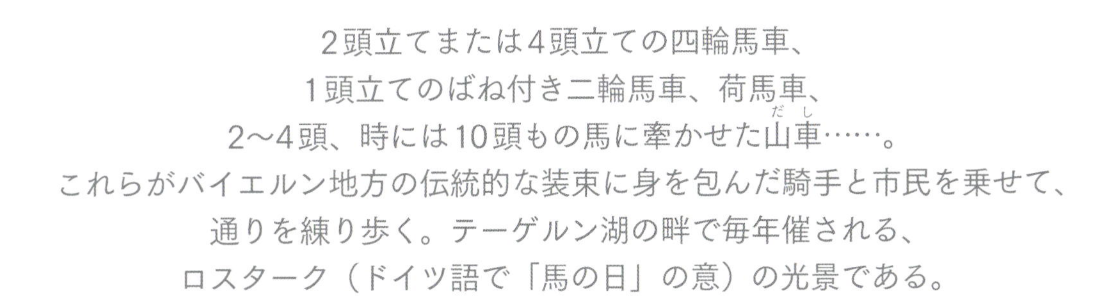

2頭立てまたは4頭立ての四輪馬車、
1頭立てのばね付き二輪馬車、荷馬車、
2〜4頭、時には10頭もの馬に牽かせた山車……。
これらがバイエルン地方の伝統的な装束に身を包んだ騎手と市民を乗せて、
通りを練り歩く。テーゲルン湖の畔で毎年催される、
ロスターク（ドイツ語で「馬の日」の意）の光景である。

ドイツ南東部でオーストリアと境界を接するバイエルン地方、南にくだるにつれ、風景は緑豊かになってゆく。草木の種類が増え、密度と色鮮やかさを増し、空気はひんやりと心地よく感じられるようになる。ロットアッハ＝エーガーンは世界有数の透明度を誇るテーゲルン湖に臨む山間のリゾートで、青緑色に澄んだ湖水はそのまま飲めるほど清らかだ。毎年8月最後の日曜日、夏の終わりとともに、ロットアッハ＝エーガーンは馬を主役にした地域伝統の祭り、ロスタークの舞台になる。

そして例年、この一大イベントには、バイエルンはもとより、チロル地方やオーストリアをはじめ、周辺のすべての地域から、地方色豊かな馬車が集まってくる。湖畔からその周囲の田園地帯へと広がるすばらしい風景を背景に繰り広げられる、馬の祝祭だ。当日、この地はさまざまな品種の馬たちでひしめく。どの馬もみな、丹念なグルーミングを施され、毛並みが美しく整えられている。ハフリンガー、ウェストファーレン、オルデンブルク、ホルスタイン、フリージアン、リピッツァナー、アパルーサ、ウェルシュ・ポニー、シェトランド・ポニー、コネマラ・ポニー、ラバ……大きいものから小さいものまで、毛色も千差万別な、ありとあらゆる品種の馬が集うのである。騎手は男女問わずバイエルン地方の伝統衣装に身を包む。これは、大きな歴史的重要性を持つ風習だ。馬車はどれも独特の佇まいを持ち、明るい色に塗られ、花で飾られている。長蛇のパレードは午前10時半に湖畔のホテル、ユーバーファールトを出発し、地元の音楽隊を引き連れて湖をぐるっとまわり、やがて道なりに進み田園地帯に入ると、広い開墾地に出る。そこでは大勢の見物客が待ち受けており、目の前を行くパレードに加わる。周りには木のテーブルが並べられ、ビールの入ったピッチャーやサンドイッチがふんだんに用意されている。これらは誰でも、自由に飲んだり食べたりすることができる。ぜひとも見物したい大きな祝祭であり、古い伝統が息づく土地を馬が闊歩するさまは、ほかではお目にかかれないものだ。

76-77 毎年8月最後の日曜日、バイエルンの町ロットアッハ＝エーガーンで、馬に関わる最も伝統的なイベントのひとつ、ロスタークが催される

76 さまざまな品種の馬たちが、丹念にグルーミングを施された優美な毛並みを披露する。色鮮やかな馬具と装飾品で飾られた彼らとパレードをともにする人々は、バイエルンの伝統的な衣装に身を包んでいる

77 ロスタークは非常に古くから行われており、バイエルンだけでなく、周辺地域からも人々を招き寄せる。チロル地方やオーストリアの住民が、その土地原産の輓用馬に牽かせた馬車とともにやってくるのだ。写真の美しい2頭をご覧あれ

78　ロスタークのほかにも、ロットアッハ＝エーガーンでは毎年重要な乗馬のイベントやショーが催され、さまざまな原産地の品種にスポットライトが当たる

78-79　肢が速く敏捷なハフリンガーに牽かせた伝統的なそりが、この地の広大な雪原で順位を競う

スイス
サン・モリッツ

ホワイト・ターフと雪上ポロ

スイス ■ サン・モリッツ

世界で最も有名な観光地のひとつでは、
馬のイベントが立て続けに催され、
人々を飽きさせない。

アルプス山中の町サン・モリッツは、スイスのリゾートのなかでもウインタースポーツのメッカとして抜群の人気を誇る。誰もが憧れるこの上品な観光地には、毎年世界中から大勢のスキーヤーと山好きの人々が訪れるのだが、馬を愛する人向けにも、面白い催しが用意されている。毎年1月から2月にかけて、この魅力あふれる町では馬に関するイベントが目白押しになるのである。そのうち、2月の第1、第2、第3日曜日に催されるのが、ホワイト・ターフ（白い芝）と呼ばれる雪上競馬大会だ。なかでも、伝統のトロッティング（馬ぞりレース）とギャロップレース（騎馬レース）に観客は息を呑む。ただでさえ美しい凍った湖面に人工雪をまいて固めた全長2,700mのコースで着順を競うレースはまさに圧巻だ。お伽噺のような雰囲気のなか、トロッター（速歩馬）とサラブレッドが、それぞれ猛スピードでしのぎを削る。特にギャロップレースでは時速50kmに達するサラブレッドもいる。こうした胸躍るレースのあとは、見るからに爽快なシーイェリン（スキージョーリング）が行われる。ベテランのスキーヤーたちがトップスピードで駆けるサラブレッドに牽かれてスキー滑走する競技である。ホワイト・ターフは馬上スポーツのファンには最高のイベントだが、普通の観光客でも十分楽しめる。というのも、コース上でのバンド演奏、地元アーティストによる作品の展示、ご当地グルメの数々といった楽しみが多く用意されているからだ。忘れられない休暇にするには、またとない機会といえるだろう。

80-81 毎年2月の第1、第2、第3日曜日、サン・モリッツの町でホワイト・ターフと呼ばれる雪上競馬大会が開かれる。伝統的でエキサイティングな雪上の馬ぞりレースおよび騎馬レースだ

82 全長2,700mのコースには人工雪がまかれて固められる。背景を飾る氷結した湖は、まるで絵画のように美しい

82(上) 屈指の知名度を誇る馬ぞりレース。周囲のすばらしい景観に惹かれて、幅広い層の人々が観戦に詰めかける

82(下) レースが繰り広げられるのは、大勢のスキーヤーが訪れるスイスの有名なリゾートだ。ホワイト・ターフの開催期間中、さまざまな催しが用意される

82-83 ホワイト・ターフでしか見られないイベントのひとつが、爽快なシーイェリンだ。スキーヤーがトップスピードで駆けるサラブレッドに牽かれて滑走する競技である

ホワイト・ターフに加えて、サン・モリッツではさらに2つ、重要な乗馬イベントが催される。ひとつは由緒正しいコンクール・イピック・ド・サン・モリッツ（サン・モリッツ馬術競技会）。ほとんど非現実的ともいえる静寂のなか、馬と騎手が障害コースを駆け抜ける速さを競う。もうひとつが、毎年氷結した湖の上で開催される国際的なポロのトーナメント大会、カルチェ雪上ポロW杯だ。四半世紀を超える歴史を誇るこの壮観な競技会には、毎年数百人もの観客が詰めかける。ポロの国際試合のなかでは、絶対に見逃せない大会といって良い。いかに重要な大会かは、名だたる企業がスポンサーに名を連ねていることからもわかる（メインスポンサーはスイスの有名時計メーカー、カルティエ）。競技水準はきわめて高く、4人の選手からなる各国代表チームが参加する。1人の選手は1試合で6頭まで馬を替えることができる。ポロは非常にエキサイティングな競技であり、敏捷な馬たちが相手チームの馬に遅れじと見せる曲芸まがいの動きは、畏敬の念すら抱かせる。騎手は竹製のマレットを操って相手チームからボールを奪い、敵陣のゴールに運ぶことを目指す。ポロに使う馬は特定の品種に限られていないが、アルゼンチン・ポニーが好まれる傾向はある。ほかのどの品種よりもこの競技に向いていると考えられており、遠からず固有の品種として認められるとされているからだ。ちなみに、ポロ用のポニーに必須とされる資質は、スピード、スタミナ、勇気、それに優れた平衡感覚である。

84-85　サン・モリッツで国際的なポロのトーナメント大会、カルチェ雪上ポロW杯が開催されるようになってから、ゆうに四半世紀を超える。4チームが参加して優勝を争う。写真はフランスとドイツのチーム

85（左）　ポロ競技用の馬は敏捷かつ器用で勇敢、そのうえ平衡感覚に優れ、冷静なだけでなく、体も頑丈でなければならない。アルゼンチン・ポニーには、これらの資質がすべて備わっている

85（右）　ポロが興奮を誘うのは、対戦相手の裏をかくために欠かせない極端なまでの体のひねりを、馬たちが巧みにこなすからだ。ただ、こうした曲芸まがいの動きが、ひどい落馬につながることもある

NESPRESSO

2009
2
4

86-87　スイスの有名時計ブランド、カルティエは、カルチェ雪上ポロW杯のメインスポンサーを毎年務めるだけでなく、自らチームを持ち、大会に参加させている

87　竹製のマレットを操ってボールを奪い、相手ゴールに運ぶことで得点になる

土地の象徴

フランス ■ ブルターニュ地方

ブルトンは魅力あふれる地
ブルターニュを象徴する存在だ。

今やブルトンといえば固有の品種を指すが、かつてはフランス北西部ブルターニュで繁殖、飼養された馬ならどれもこれもブルトンと呼ばれていた時代が長く続いた。この品種は古い歴史を有し、その進化の過程は複雑だ。しかし、ブルトンがモンターニュ・ノワールの馬（ケルト民族の乗用馬の子孫。豊かな黒い被毛を持つ小柄だが丈夫な馬）から派生したことは間違いない。もっとも、ブルトンがヨーロッパのほかの地域でブリーディングされた馬と違うのは、ブルターニュの人々と長いあいだ一緒に働くうちに、彼らとのあいだに強い絆が培われたことだ。この地域が高品質な品種の改良に成功し、馬産と関連産業を隆盛に導くことができたのは、そうした条件が整っていたからだといえる。

ブルターニュは中世にはすでに使役馬の一大生産拠点となっていた。ブルトンはたくましく丈夫なだけでなく、優秀かつ精力的でもあるため、ありとあらゆる用途で役に立つ。この品種がきちんと定義される契機になったのは、1806年、皇帝ナポレオンがアラ（haras、「種馬場」の意。フランスにおけるブリーディングおよび種牡馬の選別による品種改良の中核を担う）の再編を命じたことだ。アラのひとつがまさしくブルターニュの山間（やまあい）に設けられたことは、この地方におけるブリーディング産業について多くを物語っている。

ブルトンが品種として大成功を収めた秘訣は当時も今も、並はずれた柔軟性にある。この地方のブリーダーは常に市場の要求に応えてきた。求められるものは時とともに変わるが、その都度適応してきたのである。ブルトンがブーロンネ、アルデンネ、ペルシュロンといった力の強い品種と交配させられたり、あるいは筋骨隆々としたノーフォーク・ロードスターの種牡馬と交配されたりしたのは、それが理由だ。前者は農耕作業に必要な筋肉量と活力を向上させるため、後者は乗合馬車を牽かせるための、機敏で肢の速い輓用馬を得るためだった。そうやって獲得した秀でた資質のおかげで、今度はブルトンが、ほかの輓用馬を改良するために使う馬として引っ張りだこになるという逆転現象が生じる。実際、20世紀の初めまで、ヨーロッパ各国はもちろん、北アフリカやアメリカ合衆国、南アメリカ、果ては日本にまで大量に輸出されていた。そしてそれが、ブルターニュの経済を支えるのに多大な貢献をしたことは明らかだった。

現在、ブルトンはフランスを代表する品種であり、2つのタイプが生産されている。ひとつはトレ・ブルトン、ずんぐりとして、筋骨隆々、体高は高いもので163cmを超え、体重は900kgあり、主に食肉用に生産される。もうひとつはポスティエ・ブルトンで、こちらは軽輓馬として用いられる。軽やかな歩様はトレ・ブルトンよりも優雅だが、体格と体重では劣る。また、四肢がほぼきれいなところもトレ・ブルトンと異なり、距毛はほとんどないか、まったくない。どちらも「ブルトン」で通り、両方とも1909年に公式に作成された同じ血統書に載っている。汎用性の高さと従順さのおかげで、従来、アーティチョークやカリフラワーを栽培する畑、森林、ブドウ園といった場所で使われてきたが、今ではレジャーの分野にも進出している。1頭立て馬車を牽く姿が異彩を放っている（2頭立てや4頭立ても牽く）。また、祭日に楽しそうな家族を乗せた馬車を牽いたり、艶やかな花嫁を教会に運んだりするブルトンを見ることは、少しも珍しくない。田舎では荷馬車を牽いて観光客のお供をすることさえあり、仮装行列に参加する姿は誇らしげですらある。

89　ブルトンはフランス北西部、ブルターニュ地方の発展に大きく寄与した馬だ。この地方の馬は使役馬あるいは輓用馬として、ずっと重宝されている

90　現在、ブルトンは2つのタイプが生産されている。両方ともモンターニュ・ノワールに生息していた小柄な馬を祖先に持つ。専門家によれば、この小柄な馬はケルト民族が使っていた馬の末裔だという

91　ブルトンの進化には多くの他品種が関わっている。力の強いブーロンネから、アルデンネ、ペルシュロン、果ては敏捷なイギリス原産の軽輓馬、ノーフォーク・ロードスターの血まで混じっている

ソミュール
フランス

国立馬術学校のカドルノワール

フランス ■ ソミュール

カドルノワールは高等馬術の美技を披露するため、
数年がかりで馬を調教する。
彼らの公演はこの世のものとは思えないほどすばらしい……

フランスのソミュール国立馬術学校。そこで教えるエリート教官たちは、黒い乗馬服姿から「カドルノワール」と呼ばれる。彼らが高等馬術を披露する公演を見る興奮は、まさしく予想以上だ。カドルノワールの起源は1832年までさかのぼる。その年、国王シャルル10世が王立騎兵学校を創設した。この学校は現在、国立馬術学校に併設され、フランス馬術連盟、アラ・ナシオノ（いわゆる国立種馬場。フランス馬・馬術研究所の傘下）、そして国防省と提携している。この由緒正しい機関のなかで、エキュイエ（馬術教官）は軍用馬術を担当する者とアカデミック馬術を専門にする者とに分かれる。ソミュールで教えるエキュイエたちは、フランスの馬術大使として世界で最も知名度が高い。馬術に関する国際イベントには漏れなく参加し、たぐいまれな高等馬術を披露する。演技は独自のもので、細部までよく研究されている。エキュイエは馬場馬術以外の乗馬術も高い水準で実践し、フランス古典馬術の普及に努めている。

カドルノワールが教える学校は、ソミュールの町から6km離れたテレフォールにある。広大な敷地にはオリンピックサイズの競技場が6つ、全長40kmの調教用トラック、馬の診療所、半円形の講堂、5つの屋内馬場、若駒と引退した馬が過ごす40haに及ぶ放牧場がある。

馬は3歳馬を買い入れ、しばらく牧場で馴らしたのち、360頭収容可能な厩舎に入れて調教する。毎年平均40頭購入するが、うち1割は牝馬である。品種はアングロ=アラブで、もっぱらセル・フランセ国立種馬牧場から仕入れている。この学校での務めを終えて年老いた馬は、彼らを引き取り、費用を負担して面倒を見てくれる個人に譲渡される。

カドルノワールは民間人と軍人合わせて45人からなり、エキュイエ（教官）、スゥ=エキュイエ（副教官）、メトル（師範）、スゥ=メトル（師範代）に分かれる。全体を束ねるのはエキュイエ・アン・シェフ（校長）だ。学校には200人のスタッフが雇われているが、うち60人が厩務員で、馬の世話を焼き、公演の支度をする役割を担う。馬のたてがみと尾にはリボンが編み込まれている。赤紫色のリボンは乗馬の稽古に使う馬、白いリボンはフリージャンプを跳ぶ馬、という具合だ。さらに、この学校には5人の装蹄師がいて、毎週90頭の馬に装蹄を行っている。1年間に消費される蹄鉄は5,000個、釘は400kg、石炭は12tに及ぶ。

92-93 ソミュール国立馬術学校の教官はエキュイエ（女性はエキュイエル）と呼ばれ、世界の主要な乗馬イベントに参加し、見ごたえのある演技を披露している

92 前肢で支え、後肢を蹴り上げ完全に伸ばすクルーバード。これができるようになるには何年もかかる

94 カドルノワールのぞれぞれのパフォーマンスは独特で、細部までよく研究されている。馬たちは馬場馬術だけでなく、ありとあらゆる馬術を非常に高い水準でこなす

94-95 馬は3歳馬を買い入れ、しばらく牧場で馴らしたのち、360頭収容可能な厩舎に入れて調教する

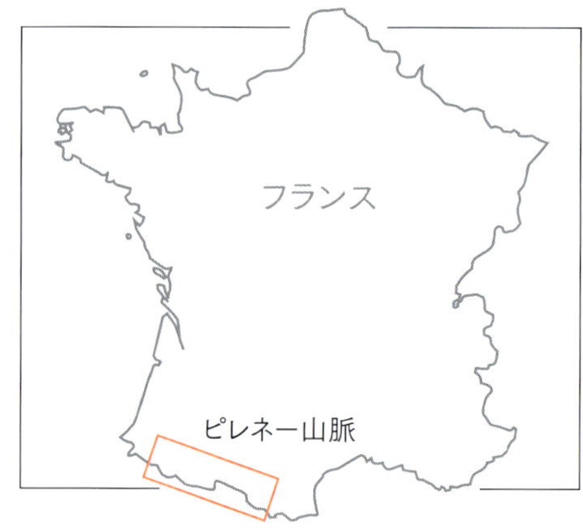
フランス
ピレネー山脈

山岳の王者

フランス・ピレネー

黒い被毛（青毛）がトレードマークのメランは、
山々で野生のままに暮らしている。

山を棲みかとする馬、メラン。本来の名前はそれよりもやや仰々しく、アリエージュという。フランスでは「シュヴァル・アリエージュ」とも「シュヴァル・ド・メラン」とも呼ばれるが、単にメランという方が通りが良い。これはフランス・ピレネーのアリエージュ県にある、アンドラ公国と境界を接する小さな集落メラン＝レ＝ヴァルに由来する。黒い被毛（青毛）がトレードマークのこのがっしりとした小柄な馬の外見からは、遠い祖先にアラブ種の血が混じっていることがうかがえる。一方、先史時代(約1万3000年前）にニオー洞窟の壁画に描かれた、いわゆるひげを生やした馬（シュヴォ・バルビュス）や、ユリウス・カエサルの『ガリア戦記』に出てくる馬たちに似ていることも否定できない。屈強で頼りがいがあり、なおかつ極端な環境条件に対する驚異的な適応力を持つことから、中世以来、メランは軍隊や山間の農民、あるいは鉱石を運搬する鉱山労働者といった人々に広く活用されてきた。ずっと時代をくだって、ナポレオンのロシア遠征に使われた馬の多くもメランだった。同種交配、あるいはペルシュロンやブルトンといった輓用馬との交雑が何世紀も続いたが、1908年、メランの選択的交配による品種改良がはじまり、スペインと国境を接する山岳地帯で個体が育種されるようになった。くしくも、はるか昔に彼らの祖先が暮らしていた場所の近くである。その結果、1948年に血統書がつくられ、それをもとに、テストと厳格な適性評価（鞍をつけて乗ったり、手綱をゆるめて自由にさせたり、荷物を牽かせたり、クロスカントリー競技用の障害物を飛び越させたりという内容）が徹底的に行われ、交配用の種牡馬が公認された。

メラン（品種名アリエージュ）は今やヨーロッパ中で育成されているといっても過言ではなく、なんとチュニジアでも生産されているほどだが、本質的に山の馬であることは変わらない。長い歳月を経るうちに彼らを鍛えあげたのは、ピレネーの厳しい自然環境である。メランは丈夫だし、草食動物として優れているといっても、牧草しか食べず、喜んで厩舎に閉じ込められるような馬ではない。実際彼らは大自然のなかで過ごすことを好む。秋が深まるまでは山の上の牧草地を動かず、冬には低い場所に移るとはいえ、屋内にとどめられているのは雪に閉ざされるあいだだけだ。寒い冬場、彼らの被毛は密になり、錆（さび）色の毛が混じるようになる。また、顔はあごひげをたくわえたように変貌する。これにより、厳しい寒さに真っ向から立ち向かうことができるのである。メランはまだ子馬のうちから天候に対処するすべを学ぶ。何しろ、春に生まれれば牧草地はまだ雪に覆われているのだ。それでも、母馬の乳の出が驚くほど良いおかげで子馬はすくすく成長し、順応性の高さ、寒さに対する耐性、丈夫な蹄、そして、ラバしか通れないような道や断崖絶壁の縁でも乱れない確かな歩様は、この品種特有の性質をみるみる発達させる。おまけに従順で頑丈とくれば、どんな用途にも安心して使える万能馬と評価されるのも不思議はない。メランはずっと、機械化を進められないほど急峻で通行も難しい土地での困難な農作業に使われてきた。そうした場合、トラクターの代わりを務めることが少なくない。現在は、むしろその用途の広さで重宝されている。馬車を牽いたりそりや丸太のような軽いものを牽いたりする使役馬にぴったりだが、最近は山中をトレッキングする観光客向けの乗用馬としても活用され、成功を収めている。険しい山道での足もとの確かさで、他の追随を許さない人気を誇る。

96-97　ほかの多くの馬同様、メラン（アリエージュ）もその名は地名に由来する。この頑丈な馬の場合、フランス・ピレネーの、アンドラ公国との国境近くにある集落の名前にちなむ

96　きわめて頑丈なメランという馬は、大自然に生まれる。山中で自由にのびのびと育ち、子をなし、高地ならではの滋養たっぷりな牧草を食（は）んで暮らす。冬を除いた1年のほとんどをそこで過ごすが、苦しみや困難とは無縁だ

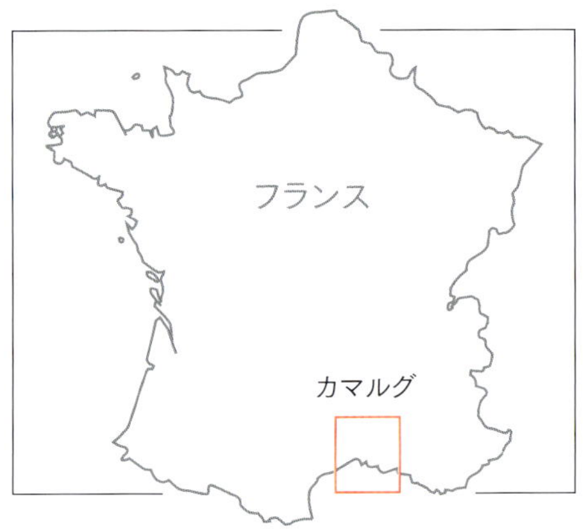
フランス
カマルグ

三角州の馬たち

フランス■カマルグ

カマルグの湿地帯では、馬と牛と水鳥が
完璧な共生関係を実現している。

ローヌ川がつくるフランス南部の三角州カマルグ。そこに暮らす馬、カマルグ種の起源に関しては面白い話がある。海神ネプチューンが金色に輝く三つ又の鉾をたずさえ、9頭の白馬に牽かせた二輪戦車でローヌ川の河口を横切ろうとしたとき、1人の男が猛り狂った黒い雄牛に追いかけられて、泳いで逃げようとしているところに出くわした。伝説によれば、海神は男が雄牛の怒りから身を守ることができるよう、戦車から馬を1頭解き放ち、「これはとっておきの1頭だ。そなたが手なずけるすべを知っているなら、あの黒い雄牛に襲われたとき、何ものにも代えがたい味方となってくれるであろう。だが、心得よ。これは広大無辺な海を故郷とし、神に遣わされた馬だ。望めばいつでも海辺に来て、呼吸をするその鼻孔を神聖なる潮の香りで満たすことができるよう、配慮してやらなければならない」と言ったという。

これこそ、カマルグ種がこの湿地帯にあらわれ、土地を象徴する存在のひとつになった経緯である。もちろん、現実世界での来歴はまったく違う。彼らはおそらく、リヨン近郊のソリュートレ遺跡で大量に遺骨がみつかった先史時代の馬の子孫と思われる。先史時代から現在に至るまで、カマルグ種はローヌ・デルタの湿地帯が有する厳しい生息環境に適応しなければならなかった。彼らはそこで野生のままに生き、大半の時間を湿地で過ごす。実際それがカマルグ種の本質的な特徴なので、「大河の馬」とあだ名されるほどだ。大自然がこの馬を鍛えあげて頑丈にした。たくましい四肢は歩きにくい地形に適したものだし、きわめて硬い蹄は湿気にことのほか強く、ぬかるんだ地面に沈み込まないよう幅が非常に広い（これにより、安全かつ敏捷な移動が保証される）。丈夫な体のおかげで、乏しい資源を最大限に生かすことができたのも大きい。ミストラルと呼ばれる冷たく強い北西風が吹きすさぶ牧草のまばらな湿地でも、彼らは十分な栄養を確保できるのである。

カマルグ種はまた、1年のほとんどを少し塩分を含んだ草で食いつないできた。カマルグの草と少ない植物がたとえすっかり水に浸かっていても、この馬は器用に水中の草を食むことができる。また、夏場は乾いてひび割れた地面のところどころに生える、日に焼けた草木で飢えをしのいできた。

カマルグ種のふさふさした被毛は冬の寒さをしっかり防いでくれるうえ、夏は湿地に湧くアブや蚊から皮膚を守ってくれる。子馬のときは黒っぽく、成長すると灰色になる被毛にもきちんと理由がある。黒っぽければ風景に紛れて肉食獣の目を逃れやすいし、灰色の被毛は焼けつくような日差しに対するこれ以上ないほどの防御となる。

カマルグ種は抵抗力があり、丈夫で、バランスが良く、従順かつ穏やかだが、同時に活発でもある。その信頼性の高さから牧羊に使われるが、近年では乗馬ツアーに加え、さまざまなスポーツにも向いていることがわかってきた。

こうしたユニークな馬を見るためだけでもカマルグを訪れる価値は十分にあるが、そのほかにも見るものはたくさんある。観光農業の施設が多く、ローヌ・デルタを

98-99 魅力あふれるカマルグ種は、その名の由来でもあるローヌ・デルタの湿地帯カマルグで、野生のままに暮らしている

98 このすばらしい品種の起源は非常に古い。先史時代からこの地域に生息していた馬の直系の子孫であり、水に浸かった困難な生息環境に何世紀もかけて適応したのだといわれている

気ままに散策するには非常に都合が良い。カマルグ種の馬は今や、カマルグ以外の場所でも目にするようになった。たとえばイタリア、フェラーラ県をはじめエミリア=ロマーニャ州の全域でカマルグ種が人気を博するようになって久しい。20年前にポー・デルタ（ポー川デルタ地帯）のこの地域に輸入されると、慎重な選別を通じて、故国の湿地帯ほど厳しくなく、よりバランスのとれた食べものが得られる環境に完璧に適応したのである。フランスのカマルグ種と区別するため、イタリアで生まれ育ったものは、ポー・デルタでの呼称に倣って「デルタ」と呼ばれる。

疲れ知らずで勇敢なデルタは、イタリアではワーキング馬術に加え、トレッキングをはじめとする競技で優れた能力を発揮する。馬車競技、軽乗（ヴォールティング）もこなすほか、その従順な性質が買われてホースセラピー（馬による動物介在療法）でも活用されている。

100 カマルグ種は「海の馬」とも呼ばれる。彼らがたくましい四肢で水しぶきをあげながら浅瀬をのびのびと駆ける姿を見ることは珍しくない

100-101　カマルグ種は少し塩分を含んだ草（すっかり水に浸かっていても、この馬は水中の草を食むことができる）と、夏場はところどころに生える日に焼けた草木を食べて飢えをしのぐ

102　カマルグの美しい頭部は、広く平らな額がふさふさとした前髪に覆われている。大きく優しげな目は表現力に富む。トレードマークともいうべき灰色の被毛（葦毛）は、強い日差しから身を守ってくれる

103　従順な性格から、カマルグは乗馬ツアーでの活用や使役馬として使うのに特に向いている。ローヌ・デルタで趣味の乗馬やトレッキングを楽しめる観光農園は少なくない

104（上）この品種の馬はおとなしく、休んでいるときには眠たげに見えるほどだが、活発で機敏ですばしこい一面もある。大人になっても無邪気さを失わないことが多く、写真のようにじゃれ合う姿が見られる

104（下）この湿地帯に生息する白い水鳥が、カマルグ種の広くて硬い背中で翼を休める姿を見ることも多い

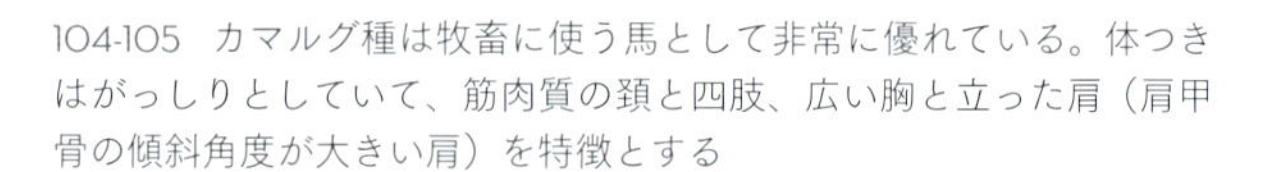

104-105　カマルグ種は牧畜に使う馬として非常に優れている。体つきはがっしりとしていて、筋肉質の頚と四肢、広い胸と立った肩（肩甲骨の傾斜角度が大きい肩）を特徴とする

馬を讃える祭典

フランス ■ アヴィニヨン

アヴィニヨンは毎年1月、
「シュヴァル・パシオン」と呼ばれる催しで
馬のすばらしさを讃える。

馬を愛する者にとって、1年はアヴィニヨンのシュヴァル・パシオンとともにはじまる。熱心な馬のファンでこの催しを知らないという者はいないだろう。何しろ、この種の祭典のなかではヨーロッパでも大きな祭典のひとつに数えられるシュヴァル・パシオンである。馬1,200頭余り、会場14カ所、出品者250名、観客10万人超と、数字の面だけでも他を圧倒しているうえ、はるか昔からいつも人間に寄り添ってきた高貴な動物、馬を讃えることに成功しているという点でも、ヨーロッパ屈指の行事といえる。シュヴァル・パシオンは何もかもが壮観で芸術的な、一大ショー・イベントだ。それゆえ、1月の熱い5日間、南仏プロヴァンスにありかつて「教皇の都」と謳(うた)われたアヴィニヨン（ヴォクリューズ県の県庁所在地）は、パルク・デ・ゼクスポジシオン（国際展示会議場）を中心に、紛れもない馬と乗馬の都と化す。そして毎年のように、シュヴァル・パシオンこそが馬事文化の世界で最も完成度の高い魅力的なイベントだということを証明しているのである。

これまでに26度開催しているシュヴァル・パシオン（2011年当時）は、その都度、馬と人との絆を讃え、それをコンテストやショー、品評会といったプログラムのメインテーマに据えてきた。もっとも、類似の興行と違い、シュヴァル・パシオンの中心的テーマは乗馬や競技を通じてだけ表現されるのではなく、イベントの名前が示すとおり、本物の「パシオン（情熱）」によって示される。パシオンとは、伝統、深い理解、愛情、創造性、果ては芸術の純粋な形態さえ意味する言葉だ。シュヴァル・パシオンの見物に訪れ、合計90時間を超えるパフォーマンスをはじめとする盛りだくさんのプログラムを楽しむ大勢の観客たちは、そのパシオンを共有しているのである。

そんなシュヴァル・パシオンが誇るガラ・デ・クリニエール・ドル（黄金のたてがみ祭り）は、馬とコメディアンとミュージシャンとライダーが、神話とも伝説ともつかない、お伽噺のような雰囲気のなかで繰り広げる魅惑のパフォーマンスである。1986年に開かれた第1回目のシュヴァル・パシオンから上演されていて、当代一流の乗馬アーティストを毎年のように招き、26回目の公演では300を超える馬術演技を披露した。多くは初演で、その後、世界中の人々を魅了している。シュヴァル・パシオンは馬の品種と繁殖牧場の品評会でもある。その内容もまた、通り一遍ではない。短いパフォーマンスやコンテスト、品評会、あるいは「ポニー・パシオン」のようなスペシャル・イベントなどを通じて、馬自身が自分の適性と潜在能力を見せつけるのである。シュヴァル・パシオンではまた、教育や訓練（たとえば馬関連産業における職業訓練）にスポットライトを当てる日もある。これもまた、シュヴァル・パシオンが馬と馬術ショーの世界で模範としてゆるぎない地位を築いた理由のひとつといえる。

106　多くの国で、馬をテーマにした祭典が少なくともひとつは催される。フランスが誇るシュヴァル・パシオンは、その魅力と国際的な知名度において世界有数の馬の祭典である

107　今年（2011年）で26回目を迎えたシュヴァル・パシオンは、毎年一流の乗馬パフォーマンスが満載された盛りだくさんのプログラムを用意する。そのなかには世界初公開となる演技もある

108 アヴィニヨンで開かれる馬の祭典は世界屈指の観客動員数を誇り、ガラ・デ・クリニエール・ドルでその盛り上がりは最高潮に達する。ガラは毎年のように当代最高の乗馬アーティストたちを招待している

108-109 馬を愛する人々にとって、シュヴァル・パシオンは一生に一度は見ておくべき催しだ。このすばらしい祭典は、馬と人との親密な関係に光を当てる数少ないイベントのひとつに数えられる

ルシタニアの馬

ポルトガル

ルシターノは闘牛場で誇り高く勇敢に振る舞うが、
高等馬術の演技においては気品に満ち、優雅である。

何世紀ものあいだ、イベリア馬は王や指導者や将軍が最も欲しがる馬だった。威厳があって美しく、従順かつ強く勇敢なところが好まれたのだ。彼らは常に、人間相手に、あるいは雄牛相手に戦うために選ばれ、また、高等馬術の演技を披露する馬として珍重されてきた。そういったイベリア半島産の馬のひとつがルシターノである。知名度、評価では上をゆくアンダルシア産の"いとこ"に比べてやや目立たない印象があるものの、その非凡な勇気のおかげで名声と成功を手にすることができた。歴史的にみれば、イベリア馬は長いあいだスペイン馬またはアンダルシア馬として認識されることの方が普通だった。ルシターノも例外ではない。確かに彼らは本質的に同じ品種に属するが、それでもルシターノには、ポルトガル馬術の伝統（とりわけ闘牛）に結びついた独自の発達史がある。

ルシターノが活躍するポルトガルの闘牛は、スペインの闘牛とは異なる発展を遂げた。ポルトガルの闘牛場で主役を務めるのは常にレホネアドール（騎馬闘牛士）だ。このことが、スペイン産のイベリア馬とポルトガル産のイベリア馬との、一番の違いとなってあらわれた。すなわち、ルシターノの基本的な特徴ともいうべき勇敢さを育むのに、ポルトガルの闘牛が寄与したのである。猛り狂う牛を恐れもせず、人馬一体となって突進、牛の恐るべき角の一突きを間一髪で華麗にかわす姿はみごとというほかない。ポルトガルの闘牛が牛を殺さずに終わるのも、紛れもない芸術とみなされているのも、決して偶然ではないのである。

前世紀、馬術が世界中で知られるようになったのは、高名な騎手で馬術家のヌノ・オリヴェイラの功績による。彼はルシターノを駆ってアカデミック馬術を芸術に変えることに成功した。

もっとも、現代のルシターノの歴史はごく浅い。ポルトガルのブリーダーたちがルシターノの血統書をつくったのは、1960年代になってからだ。1966年、この馬に初めて明確な個体識別と地位が与えられ、以来、ローマ帝国時代のポルトガルの古名ルシタニアにちなんでルシターノと呼ばれるようになった。闘牛場で見せる勇敢さだけでなく、ルシターノには機敏さと従順さという長所がある。カンピーノ（牛飼い）を乗せて雄牛の群れを追ったり、馬場馬術や高等馬術のパフォーマンスを演じたりするには、調教もしやすく、完璧な資質といえるだろう。

こうした資質のおかげで、ルシターノは現在、ワーキング馬術から派生し今や本格的な競技に発展したドマ・ヴァケラの国際舞台で主役を務める馬のひとつであり、また、最高水準のドレサージュを競う馬のひとつでもある。ドレサージュといえば、高等馬術の伝統は、ポルトガル馬術学校（EPAE）で脈々と受け継がれている。この学校のパフォーマンスにおいて、騎手は全員ルシターノにまたがる。ポルトガル国王ジョアン5世が1748年に創設したアルテ・レアル種馬飼育場で育成された牡馬だ。これら「アルテ・レアル」と呼ばれる馬たちは、並はずれた資質を持ち、古典的な高等馬術に向いていながら、リスボン王宮の馬車を牽くこともできる馬を生み出すべく、選択的交配による品種改良が重ねられた結果生まれた。ポルトガルの王政が廃止されるとアルテ・レアルの生産も終わりを告げたが、幸いにも偉大な馬術家ルイ・ダンドラーデが少数のアルテ・レアルを引き取り、そこから2頭の種牡馬を選び出した。これにより、ポルトガルにおける馬産の誇りともいうべきアルテ・レアルの血統は維持され、今も改良は続いている。

110-111 ルシターノは知名度で勝るアンダルシア馬の“いとこ”にあたるが、ポルトガルで独自の発達を遂げ、こんにちではその特別な資質によって世界中で知られ、重宝されている

112 ルシターノの毛色は主として灰色（葦毛）である。この馬ならではの特徴のうち、何よりも際立つのが自尊心と勇気であり、それらに対する評価は広く行き渡っている

113 ルシターノはその美しさにおいてもほかの品種に見劣りしない。堂々たる存在感、ゆるぎない様子、体型と動きの優美さを特徴とし、また、イベリア馬の例に漏れず、長いたてがみを風になびかせている

114-115　ルシターノはきわめて汎用性の高い馬だ。牧畜用の使役馬として、あるいはドマ・ヴァケラで演技を披露する競技馬として用いられるが、カントリー乗馬の馬としても優れている

115　ポルトガルの文化は馬と切っても切れない関係にある。実際、このすばらしい動物と人間のあいだには強い絆が存在する。毎日欠かさず世話をし、気にかけてやることで、友情が育まれるのである

116-117 ルシターノは、レホネアドール（騎馬闘牛士）とピカドール（槍を持つ騎手）をスターの座に押しあげたポルトガル馬術の伝統の産物といえる

舞い踊る馬たち

スペイン ■ ヘレス・デ・ラ・フロンテーラ

ヘレス・デ・ラ・フロンテーラは王立アンダルシア馬術学校の所在地であり、
すばらしいアンダルシア馬の生産地でもある。

ヘレス・デ・ラ・フロンテーラにある王立アンダルシア馬術学校は世界で最も有名な馬術学校のひとつであり、高等馬術の伝統を継承し、何世紀も続く乗馬術とアンダルシア馬の歴史を継承することに余念がない。ヘレス・デ・ラ・フロンテーラで初めて馬術ショーが開催されたのは17世紀である。ドン・ブルーノ・デ・モルラ・メルガレホの肝いりだった。その後、ドン・ブルーノは『リブロ・ヌエボ・デ・ブエルタス・エスカラムサ・デ・ガラ・ア・ヒネタ』という論文を出版した（1738年）。これは古典馬術の教科書として読まれるようになり、「収縮（馬術ショーのうち）」こそ馬の究極の姿勢とされた。

アンダルシア地方は、高等馬術、そして優駿として知られるアンダルシア馬生産の発祥の地である。この地に王立アンダルシア馬術学校が誕生したことは、ごく自然なことといえるだろう。高等馬術の教育機関として世界でも屈指の知名度を誇るこの馬術学校は、1973年、ドン・アルヴァロ・ドメク・ロメロによって創設された。史上最高のレホネアドール（騎馬闘牛士）の1人に数えられるドン・アルヴァロのおかげで、スペインは馬術界における過去の栄光を取り戻したのである。当初、この馬術学校（1987年に国王フアン・カルロスⅠ世によって勅許状が付与された）は創設者の直接指導のもとで発展したが、その後、スペイン情報・観光省に移管された。学校は大きな庭園のある19世紀の邸宅、レクレオ・デ・ラス・カデナスを取得し、校舎として使っている。これはパリのオペラ座を設計した建築家シャルル・ガルニエの手によるもので、ルネサンス様式にかすかなバロック風味を加えた建物である。

ドン・アルヴァロは王立アンダルシア馬術学校の校長に就任した。それから、敷地の拡張を重ね、1980年には1,600人収容可能な馬術競技場と60頭収容可能な厩舎を増設した。1986年には馬術の伝統を守るため、ドン・ペドロ・ドメク・デ・ラ・リヴァの厩舎を買収している。これにより、すばらしいスペイン産馬はもとより、何よりも、貴重な馬車19両のコレクションと、歴史的価値のきわめて高い鞍と頭絡（一部は1730年までさかのぼる古いもの）が手に入った。

高等馬術のルーティーンを披露する馬術ショー、アンダルシア馬のみごとな肢さばきが見られる品評会、世界各国をまわる国際ツアーなど、これらは王立アンダルシア馬術学校の数ある活動の一部にすぎない。この学校は、スペインの馬事遺産の普及に努める社会的・文化的な大使として、重要な使命を担っているのである。たとえば高等馬術とドレッサージュで使われるアンダルシア馬の選択的交配にも貢献してきたし、騎手の育成にも関わっている。

118-119　騎手2人がそれぞれ立派な馬にまたがり、手綱を握って歩を進めているのは、王立アンダルシア馬術学校の豪華な通路だ。この名高いスペインの学校は、史上最高のレホネアドール（騎馬闘牛士）の1人に数えられるドン・アルヴァロ・ドメク・ロメロが創設し、初代の校長を務めた

119　王立アンダルシア馬術学校は1973年にヘレス・デ・ラ・フロンテーラで創設された。校舎は18世紀に建てられたルネサンス様式の邸宅、レクレオ・デ・ラス・カデナスを活用した。あとから厩舎と馬術競技場が増設された

スペイン
ヘレス・デ・ラ・
フロンテーラ

120（上） この名高い学校の馬はすべて堂々としたアンダルシア馬の牡馬で、1日の長い調教のしめくくりとして、毎日必ずプロの騎手を背に乗せる

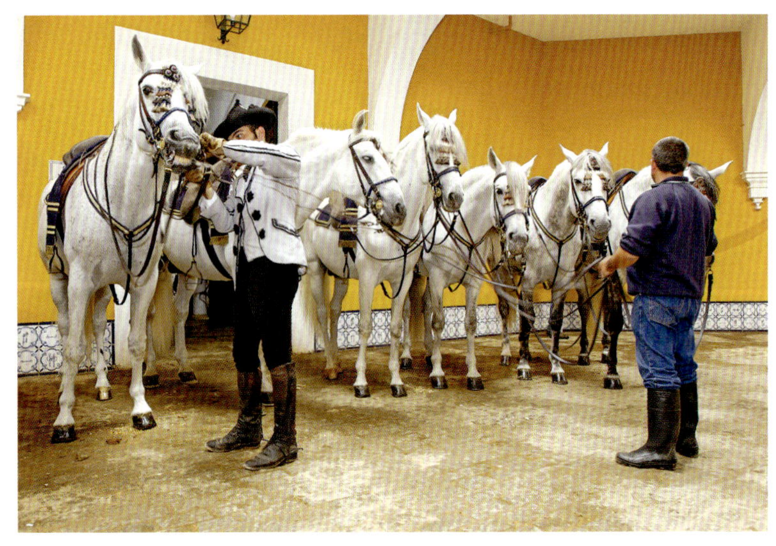

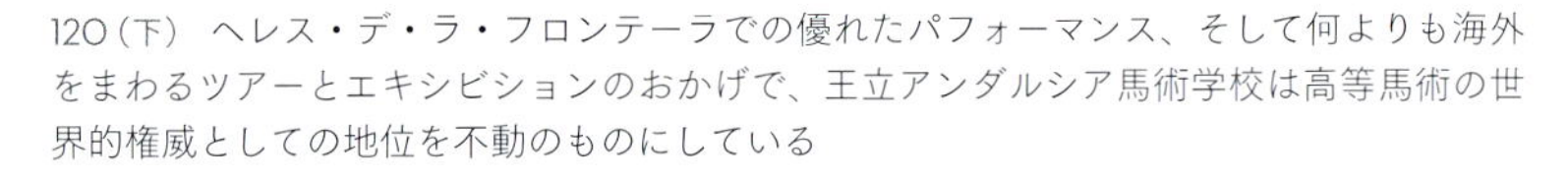

120（下） ヘレス・デ・ラ・フロンテーラでの優れたパフォーマンス、そして何よりも海外をまわるツアーとエキシビションのおかげで、王立アンダルシア馬術学校は高等馬術の世界的権威としての地位を不動のものにしている

120-121 ヘレス・デ・ラ・フロンテーラの王立馬術学校が担う役割は、男女の乗り手の育成、そして高等馬術とドレッサージュで使う馬の選別である

122　パフォーマンスには美しいアンダルシア馬の牡馬（スペイン純血種（プラ・ラーサ・エスパニョーラ）、略してPREとも呼ばれる）しか使われない。このような馬は、ドレッサージュの競技会でも世界最高水準の技を競う

122-123　王立アンダルシア馬術学校のパフォーマンスには、常に多くの観客が詰めかける。このすばらしい馬術ショーを観るためだけに、ヘレス・デ・ラ・フロンテーラを訪れる人も多い

124 馬の調教は時間がかかるうえ、とても大変な仕事であり、並はずれた技量が必要とされる。しかも、難しい高等馬術のプログラムをこなせるだけの資質が、すべての馬に備わっているわけではない

125 グラウンドワークは王立アンダルシア馬術学校のショーのなかでも特に興味深いもののひとつだ。いわゆる「空中馬術(エアーズ)」はその一部で、特に写真の「ルバード」は見ごたえがある

フェリア・デ・アブリル（春祭り）

スペイン ■ セビリア

毎年4月、セビリアでは世界屈指のすばらしさを誇る馬の祭りが開催される。

かつて家畜の見本市だったフェリア・デ・アブリル（春祭り）、今やスペイン南端、アンダルシア地方で催される無宗教の土俗的祝祭としては屈指の知名度を誇る。世界的にも有名で、プラ・ラーサ・エスパニョーラ（スペイン純血種の馬）が押しも押されもせぬ主役を務めることで知られている。普通は4月に開催されるが、復活祭（イースター）の1〜2週間後が目安なので、イースターの日取りによっては5月初旬にずれ込むこともある。初めて開催されたのは1847年だった。場所はセビリア郊外のプラド・デ・サン・セバスティアンだったが、今は市内のロス・レメディオスという地区で開催される。もともとは四旬節の陰うつな雰囲気を払うための景気づけ、また、町に暮らす人々の日々の憂さを晴らすためのものとしてはじまった。

現代のフェリア・デ・アブリルはひとときを楽しみ、浮かれ騒ぎ、参加者同士で親睦を深めるための祭りである。開催期間中はセビリアの町全体の機能が止まる。店という店が閉まり、月曜日の深夜、「アルンブラード（点灯式）」で祭りの幕があがる。開催区画（エル・レアル）を取り囲むように雰囲気のあるランプの灯がともされ、またメインゲートは無数の電球で飾られる。祝祭は翌週の日曜日まで続き、盛大な花火大会で幕を閉じる。

祭りが続く1週間は、毎日正午〜午後8時に、約3,000人の騎手と600台の馬車がお祭り会場（レシント・フェリアル）に入る。人々は馬にまたがり、あるいは馬車に乗り、あるいは徒歩で、歌い踊りながら通りを練り歩く。立派な馬たちは、アンダルシア地方伝統の馬具であるカレセーラをつける。鈴（カスカベル）のついた派手な首輪、ボルラへと呼ばれる特徴的なツートンカラーの玉房飾りをつける。騎手を乗せている馬でさえ、入念かつ優美に手入れと馬装で、流れるようなたてがみと尾には色とりどりのみごとな装飾が施される。

126-127　美しいセビリアの町を舞台に繰り広げられるこの祭りは、アンダルシアで最も重要な祭典のひとつに数えられる。その主役がプラ・ラーサ・エスパニョーラ（スペイン純血種の馬）であることは、誰もが認めるところだ

127　フェリア・デ・アブリルの名が示すとおり、通常4月に開催される（アブリルはスペイン語で4月の意）。1847年にはじまったこの祭典は、現在、ロス・レメディオス地区を会場にしている

スペイン
セビリア

128　もともとは四旬節の陰うつな雰囲気を払うために生まれた行事だが、今や愉快で楽しく、歌声に満ちあふれた祭典になっている。このときばかりは町全体の活動が止まる。誰も彼もがアンダルシア地方の優雅な伝統装束に身を包んで通りに繰り出す

128-129　徒歩、あるいは馬にまたがり、あるいは馬車に乗って、皆が市街をパレードする。1週間の開催期間中、毎日約3,000人の騎手と600台の馬車が会場に入る

130-131　午後に闘牛が行われるマエストランサ闘牛場では、騎馬と馬車がパレードを行う。馬は鈴のついたひき具やボルラへと呼ばれるツートンカラーの玉房飾りといった、アンダルシア地方の伝統的スタイルで馬装される

131　丹念に手入れを施された美しい馬たち。編まれたたてがみと尾毛、また曇りひとつないピカピカの馬具のおかげで、非常にエレガントに見える

132-133　メノルキーナは故郷の島で催される祝祭(フィエスタ)の、誰もが認める主役だ。自らの役割を完全にわかっているかのように、人でごった返す通りや広場を悠然と歩いてゆく

133　メノルカ島で最も重要な行事は、毎年6月23〜24日に催されるフィエスタ・デ・サン・フアンである。この2日間というもの、島西部の都市シウタデリャは過去にタイムスリップしたかのような様相を呈し、高価な装飾が施された馬であふれかえる

134-135　メノルキーナは優れた知性を持つ馬だ。さまざまな祝祭に参加し、自分と乗り手の技量が試されるときにはその能力を十分に発揮する

フィエスタの主役

スペイン ■ メノルカ島

メノルキーナはメノルカ島で催されるフィエスタ・デ・サン・フアン（聖ヨハネの祭り）の主役をはる。

メノルキーナは高貴な外見をした馬で、注目の的となる機会も多く、そういうときにはいかにも誇らしげに振る舞う。バレアレス諸島の東端に浮かぶメノルカ島が原産である。アンダルシア馬から派生した品種で、優雅さや歩様が共通する。もっとも、メノルキーナとアンダルシア馬には若干の違いがあり、両者は完全に同じではない。それは毛色だ。メノルキーナの純血種と認められるには、濃い黒鹿毛か青毛でなければならず、かつ、頭部と四肢の白斑の数が合わせて3つ以内でなければならない。また、調教や騎乗の仕方もアンダルシア馬とは違う。基本的にはスペイン式ながら、調教でも騎乗でも馬への声掛けが主体となる。メノルキーナは非常に活発な馬だが、同時に知的で心身のバランスがとても良い。実際、きわめて用途が広く、何よりも調教に対する反応の良さでは1、2を争う品種といえる。高等馬術で使われるメノルキーナが次第に増えつつあるのも、こうした特徴が備わっているからだ。とはいえ、メノルキーナの主たる用途が使役動物あるいはパレード用の馬としてであることは、おおむね変わらない。特に祝祭は、彼らのすばらしい資質を余すところなく表現できる絶好の機会となる。

メノルカ島における最も有名な祝祭は、毎年6月23〜24日にかけて催されるフィエスタ・デ・サン・フアンである。もともとキリスト教の祝祭としてはじまったが、時を経るうちにさまざまな象徴的意味合いが加えられた。1558年、オスマン帝国の侵攻から町を守った記念というのも、そのひとつである。フィエスタ・デ・サン・フアンは何世紀も前に定められた厳格な式典を今も踏襲しており、当時のさまざまな社会階層に結びついたさまざまな儀式と慣習をかたくなに守っている。それらは口伝で父の代から子の代へと伝えられ、この祭りの精神を数百年後の今も生かし続けている。馬がこの祭りの主役であることは、誰もが認めるところだ。騎手を乗せ、最上級の飾り馬具と色鮮やかで貴重な式服を装着した彼らは、祭りが行われる2日間、市街をパレードし、これ以上ないほどもてはやされる。また、人々が無条件で道を譲ってくれるので、往来の真ん中を自由に闊歩できる。群衆の興奮と熱気が頂点に達しても、馬は動じることなく、落ち着き払って、いつもどおり誇らしげに、通りを埋め尽くす人々のあいだを縫って悠々と歩を進める。このときメノルキーナは自分たちの役割を100%わきまえ、人々の注目の的だということも完璧に理解しているように見える。ところが、まるで魔法のように、馬たちは乗り手のさりげない命令にきちんと反応し、ときおり8の字を描くようなステップを踏んで、群衆を安全な距離までさがらせる。このやりかたでスペースをつくっておいて、高等馬術のなかでも非常に難度が高く見ごたえのある技、「ルバード」を披露するのである。最高の調教師と騎手は、あえて手綱を放して馬の頚に垂らし、手を使わずにこの離れ業をやってのける。馬は観衆の拍手を浴びながら、後肢で立ちあがったこの姿勢を長時間維持する。そのあいだに騎手は自分と愛馬の才能に鼻を高くすることができる。

ブロンドの山岳馬

イタリア・アヴェレンゴ

アヴェリネーゼはイタリア山岳地帯の王者とも言うべき馬だ。品種としての歴史は100年を超え、今やイタリアのみならず、オーストリア、ドイツをはじめ、ヨーロッパの多くの国でその姿が見られる。

アヴェリネーゼは馬としては小柄なため、ポニーと呼ばれることもある。しかし、山岳地帯でなんら問題なく生き延びるのに十分なほど頑丈だし、何より用途が広い。アヴェリネーゼはその名が示すとおり、トレンティーノ=アルト・アディジェ州のメラーノにほど近い小さな町、アヴェレンゴ（ドイツ語ではハフリング）が原産だ。ドイツ語名ハフリンガーとしても知られるこの品種は中型で均整のとれた体つきをした馬で、がっしりしていながらも気品のある肢体と優雅な身のこなしを特徴とする。大自然が生み出したこの小さな"傑作"を完成させるのは、目を惹く栗毛（むしろ金色の毛並みというべきか）に亜麻色の長いたてがみと尾だ。こうした特徴すべてが、アヴェリネーゼを美しく、乗り心地も地形を問わず格別な馬にしている。物静かなうえ忠実かつ従順で、その歩様は自信に満ち、その気になれば活発にもなれるし勇敢にもなれる。しかし、この品種が成功した秘密は本質的に、高齢者や女性や子供でも容易に御することができる信じられないほどの素直さと、驚くべき学習能力にある。この2つの資質が、アヴェリネーゼを、さまざまな行動をともにできるかけがえのないパートナーにしているといえる。実際、この馬はブリティッシュ乗馬とウエスタン乗馬を問わず、さまざまな馬術に使われていて、ハーネスレース（繋駕速歩競走（けいがそくほきょうそう））や、シーイェリン（スキージョーリング。雪上でスキーヤーを牽いて走るギャロップレース）でも活躍している。アヴェリネーゼは用途の広い品種で、乗馬教育で使うにはちょうど良い馬である。乗馬学校の多くがアヴェリネーゼを乗馬指導だけでなく、重要な社会的意義を持つホースセラピー（馬による動物介在療法）にも活用している。とはいえ、こうした使い勝手の良さに目を奪われて忘れられがちだが、アヴェリネーゼはもともと、1世紀以上に及ぶ選択的交配を通して、農耕と山岳輸送に特化された品種だ。畑を耕し山道で荷物を運ぶ作業は、機械化が進んだ今も南チロル地方の農民たちによって注意深く守られ、伝統として脈々と息づいている。丈夫でたくましいアヴェリネーゼは、環境への適応能力が高いこともあり、野外での暮らしにつきまとう厳しさ、すなわち過酷な気候や乏しい食料といったものに耐えることがそれほど難しくない。この馬の繁殖牧場が自然豊かな環境に設けられるのも、それが理由だ。アヴェリネーゼは穏やかで従順なうえ、丈夫で強靭であり、山道や標高の高い丘陵地を長時間歩くのに適している。田園地帯を鞍に揺られたりトレッキングをしたりするには理想的なパートナーであり、高地の険しい地形や森のなか、あるいは急勾配の道といった足もとが不安定な場所において、非常に頼りになる。小さな子供や比較的経験の浅い乗り手におすすめの馬であり、生まれて初めて乗馬を体験するには、これ以上ない馬だといえるだろう。

現在、アヴェリネーゼはヨーロッパ中（とりわけ、ブリーディングが盛んなオーストリア）で見られるほか、世界各国で繁殖・飼育されている。イタリアでは最も頭数が多い品種で、ほぼどこに行っても目にすることができる。このように世界中で姿を見ることができるアヴェリネーゼだが、最も有効かつ最も多種多様な活用をされているのが紛れもなくその故郷であることは、否定できない。これは何も、日々の仕事やスポーツ、レジャーに限った話ではない。実際、南チロル地方では、このブロンドの馬が主役を務めない祝祭や行事など存在しないほどだ。ブリーダーにとって手塩にかけたアヴェリネーゼを飾り立てて披露することは、古来、丈夫な体で我慢強く、無心に日々の勤めを果たしてきたこの品種に対して、感謝の意を示すひとつの方法なのである。これはまた、山岳地帯に住む人々とこの馬とのあいだに何世紀も昔から存在する、切っても切れない絆をあらわしてもいる。

アヴェリネーゼの1年は、民俗風の馬装で通りを練り歩く伝統的なパレードから、そりを牽いて速さを競うシーイェリンまで、催しものにこと欠かない。とりわけ重要なもののひとつに、スリッターダ・ダ・パウル（地元の言葉ラディン語で「農夫たちのそり牽き」の意味）がある。毎年カーニバル・サンデーにドロミテ山地のスキー・リゾート、アルタ・バディアで催されるこの伝統的なパレードは、保養地ペドラチェスを出発し、ラ・ヴィッラの中心街まで進む。最大の見せ場は、アヴェリネーゼがそりを牽き、トロット（速足）で400mの着順を競うレースである。

さらに、毎年11月、聖レオナルド騎馬行進という古式ゆかしい催しが行われる。農民、囚人、奴隷、鍛冶屋、大工の守護聖人である聖レオナルドを讃え、騎馬隊が練り歩くこのイベントには、ラディン語を話す4つの渓谷から選ばれた代表たちが、伝統的な衣装をまとってアルタ・バディアの村サン・レオナルドを行進する。豪華な馬装を施されたアヴェリネーゼたちが、毎回のように注目を集めることはいうまでもない。

136-137 アヴェリネーゼ（チロル地方の方言で、もともとハフリンガーと呼ばれていた）はトレンティーノ＝アルト・アディジェ州のメラーノにほど近い小さな町、アヴェレンゴ（ドイツ語ではハフリング）が原産だ

138　アヴェリネーゼは現在、ヨーロッパのいたるところで見られる。野外での生活を苦にせず、むしろ大自然のなかで繁殖・飼育されるのが一般的だ

139　起伏の多い山地で生まれ育つアヴェリネーゼは、幼いころから仲間と戯れるうちに、自ずとしっかりした足取りで移動することを学ぶ

140-141　この強くたくましい馬の最も目立つ特徴は、体を覆う栗毛とふさふさした長いブロンドのたてがみだ。走る姿もどこか誇らしげに見える

イタリアの誇り

イタリア・マレンマ地方

イタリア原産種のなかで、独自性を保ち続けている唯一の馬
——それがマレンマーノだ。

マレンマーノ（マレンマ）は、人間と馬の絆の強さがイタリアでも指折りの地域だ。この固い絆は、「ブッテロ」と呼ばれるトスカーナ地方のカウボーイとともに牛を追う日々によって培われたものであり、イタリア原産種で唯一の乗用馬、マレンマーノをその乗り手たちとともに土地の象徴に押しあげた要因でもある。マレンマーノという名前が最初にあらわれるのは16世紀の記録だが、この馬の繁殖・飼育自体は、現在マレンマと呼ばれる、トスカーナ州からラツィオ州北部にかけて広がる地域を支配していた古代エトルリア人の時代にすでに行われていた。前世紀の半ばまで、マレンマ地方は山川の悪気に満ちた、住むに適さない吹きさらしの沼地であり、長い角を持つ有名なマレンマ牛とマレンマーノが放牧されていた。その様子は、マッキア派の画家ジョヴァンニ・ファットーリの絵に、ブッテロとともに繰り返し描かれている。極端な生息環境と食料の乏しさが、小柄で魅力的とはいいがたいものの芯が強く、丈夫でありながら柔軟性も兼ね備えた、きわめて有用な品種を徐々に確立させていった。過去何世紀にもわたって、さまざまな騎兵隊がマレンマ産の馬を採用している。サヴォイア王家の軍隊は、クリミア戦争（1855～1856年）をはじめとする多くの戦役で、マレンマーノの耐久性を頼みにすることができた。20世紀前半まで、イタリアの国軍は長らくマレンマーノの主要な買い手であり続けた。ところが1950年代、機械化の普及に伴い干拓や開墾が進んだ結果、農地改革と土地再分配が促され、マレンマーノは絶滅の危機に瀕してしまう。古くからある立派な種馬飼育場の多くが解体の憂き目に遭い、牝馬は食肉用の子馬を生ませるためにイタリアン・ヘビードラフト種の牡馬と交配させられた。それでも、人間と馬の絆はあまりにも強く、少しずつではあるものの、マレンマ地方に再び馬の姿が見られるようになった。やがて、ブリーダーの有志がローマやヴィテルボの郊外をまわり、マレンマーノの生き残りを探す調査をはじめた。1960年代末にはヴィテルボとグロッセートにそれぞれブリーダー協会が設立され、1972年にはマレンマーノの生存個体数を割り出すべく両者が共同調査を行った。1979年、品種協会が発足し、その翌年には血統書が作成された。こうして、トスカーナとラティウム地方のブリーダーたちのおかげで、マレンマーノは独自性を取り戻し、未来を確かなものにすることができた。その主要な役割がブッテロの忠実な相棒であることは以前と変わらないが、マレンマーノは今やさまざまな場面で乗用馬として使われている。従順で足もとが確かなうえ、非常にたくましく、さまざまな状況に適応する能力を併せ持つことから、マレンマーノは馬術競技のクロスカントリー（自然に近い環境の障害を越える）と乗馬ツアーで重宝されている。さらに、その汎用性の高さを活かして、競技会でもすばらしい成績を残すことができる。実際、ほぼすべての競技分野における目覚ましい結果は、その多くがマレンマーノによるものだ。特にワーキング馬術では抜きん出た存在であり、これは何十年も牧畜の仕事に使われるうちに自ずと洗練された、御しやすさと信頼性の高さのおかげだろう。

142-143　ブッテロ（トスカーナ地方のカウボーイ）と彼らがまたがるマレンマーノは、この特異な土地の象徴である。この地域に根づく人間と馬とのユニークな絆は、両者が長年苦労をともにしてきた結果生まれたものだ

143　マレンマーノはイタリア原産種で唯一の乗用馬であり、その起源は古代までさかのぼるが、選択的交配による品種改良がはじまったのはつい最近、1979年のことだ。この年アッソチャツィオーネ・ディ・ラッツァ（品種協会）が設立され、翌年には血統書が作成された

イタリア
マレンマ

144-145　マレンマ地方にはいつの時代もブリーディングの伝統が息づいていた。馬だけでなく、長い角がトレードマークのマレンマ牛もここで放牧されている

146-147　マレンマのような大いなる伝統の息づく土地では、大自然が生のリズムを刻む。子牛の離乳もそうしたリズムのひとつで、彼らは馬にまたがったブッテロたちによって母親から引き離される

148　ブッテロは自分たちで馬を飼い馴らし、調教する。子馬は馴らしの段階が終わるとすぐに鞍をつけられ、訓練された馬たちとともに牧畜の手伝いをさせられる

148-149　マレンマーノを繁殖させる伝統的な手法はラゼット方式といって、複数の牝馬を半放牧状態で飼い、春になると群れに1頭の種牡馬を投入するやり方である

歴史との約束

イタリア ■ シエナ

1000年近い歴史を持つシエナのパリオは現在、
年に2回開催されている。

パリオがいつはじまったのかは定かでないが、1,000年近い歴史を持つことだけは確かで、シエナという都市の過去と非常に密接な関わりがある。実際、シエナのパリオは古い催しの単なる再現ではなく、それ自体が何世紀にもわたって繰り返されてきた歴史そのものなのである。「イル・パリオ・エ・デイ・セネシ（パリオはシエナっ子のもの）」という言葉は、このレースの起源がシエナの町の文化に深く埋め込まれていることを物語っている。シエナのコミュニティーに深く根ざしたこの祝祭は正真正銘の人気を誇り、各コントラーダ（地区）では1年中、パリオに関連する活動が展開される。一方、このパリオは非常にユニークで見ごたえがあるため、世界中から大勢の観光客が見物に訪れる。そうした人々が熱狂するのはカンポ広場で繰り広げられるめくるめく色彩の饗宴、すなわち、裸馬にまたがった騎手たちがこの広場を全力疾走で3周するという、まさに運を天に任せるような競技にほかならない。

シエナのパリオの起源は遠い昔にさかのぼる。中世のシエナには、当時「カッリエーラ」と呼ばれた数々のレースが存在し、祝祭を催したり聖人を讃えたり、あるいは特別な出来事を祝ったりする機会に貴族が主催していた。そのひとつに、「聖母の被昇天」を記念する8月半ばの祝日に行われるレースがあり、1310年、町の憲章に明記されることで公式行事となった。もっとも、これは現在のパリオとは趣の異なるものだった。なぜなら、当時のレースは「アッラ・ルンガ（長距離）」、つまり、町の端から端まで駆け抜ける形式で行われたからだ。賞品はラテン語で「パリウム」と呼ばれるもので、高価な生地に町の統治者の紋章を描いたバナー（旗）だった。ただし、バナーに紋章を描くことが慣例になったのは、18世紀からである。ちなみに、シエナに現存する最古のパリウムは1719年7月2日のもので、「鷲（わし）のコントラーダ」の博物館が所蔵している。レースでは、若い騎手たちがそれぞれ大貴族の家柄をあらわす色の衣装に身を包んで馬にまたがった。やがて、騎手を乗せずに、ほかの馬と区別するために羽毛や薔薇飾り（ローゼット）で飾ったり馬衣を着せたりした馬を走らせるようになった。一方、17世紀以降、コントラーダが「アッラ・トンダ（円周）」、すなわちカンポ広場に走路（トラック）を設けてそこを周回する形式でレースを行うようになり、シエナっ子たちの情熱はそちらに向けられるようになった。こうしたレースを組織・運営したのは貴族ではなくコントラーダの市民たちであり、これが現在我々の知るパリオに発展したのである。

パリオは8月半ばだけでなく、毎年7月2日のプロヴェ

150 「雌オオカミのコントラーダ」の紋章が目を惹く旗。シエナのパリオを単なる競馬と思ったら大間違いだ。これは毎年7月と8月に繰り返されるものであり、1年を通じてシエナ全市が関わる催しなのである

151 シエナのパリオには10のコントラーダ（地区）が参加する。そのうちの7つは前年に同日のパリオに出ていないコントラーダで、残りの3枠は抽選で決まる

ンツェーナの聖母の祝日（16世紀末スペインとフィレンツェの占領下にあったシエナに聖母が出現したという伝説に基づく祝日）にも開催されていた。1656年、その組織・運営をシエナ市が引き継ぐことを決定した。もっとも、最初のレースの記録は1659年であり、どのコントラーダが優勝したかが公式に記録されるようになったのも、この年からである。一方、1701年からは毎年8月16日、コントラーダがパリオ・デッラッスンタ（聖母被昇天日のパリオ）を主催するようになり、レースはカンポ広場を周回するコースで行われるようになった。1874年に市が「アッラ・ルンガ」形式で競う旧来のパリオを廃止したため、シエナで催されるパリオは7月2日とパリオ・デッラッスンタの2つだけになった。時代は前後するが、1729年にも、パリオの近代史において重要な出来事が起きた。当時シエナを統治していたヴィオランテ・ディ・バヴィエーラが各コントラーダの境界線を定め、なおかつ、保安上の理由から、ひとつのレースに参加できるコントラーダの数を最大10までと制限したのである。これにより、パリオは今の形に整えられた。すなわち、シエナを構成する17のコントラーダのうち、まず、前年に同日のパリオで走っていない7つのコントラーダにレースの出場資格が与えられ、くじ引きによって馬が割り当てられる。残り3枠は、抽選で決まる。こうして何世紀も続く伝統はその命脈を保たれ、2本のロープで仕切られたスタートエリアで行われる「モッサ」と呼ばれるならわしとともに、毎年新たな命を吹き込まれるのである。

152-153　カンポ広場で騎馬突撃を披露するカラビニエリ（軍警察）の騎兵隊。これは長い歴史を持つシエナのパリオを盛り上げる数々の趣向のひとつだ

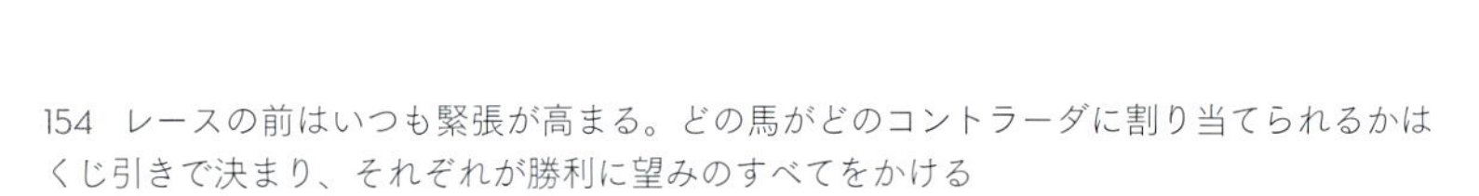

154　レースの前はいつも緊張が高まる。どの馬がどのコントラーダに割り当てられるかはくじ引きで決まり、それぞれが勝利に望みのすべてをかける

154-155　どの馬が割り当てられるかは知るよしもなく、人々はそれを天命とみなすほどだが、偶然割り当てられたにすぎない自分たちの馬に、各コントラーダの住民たちは深く真摯な愛情を抱き、敬意と賞賛を惜しまない

156-157 シエナのパリオはカンポ広場を3周する騎馬レースでクライマックスを迎える。スタートと同時に、広場を埋め尽くす大観衆の悲鳴にも似た歓声が響きわたるなか、騎手を乗せた馬たちが全速力で疾走する

157（上） シエナのパリオで最も緊張が高まる瞬間のひとつは、カナパ（モッサが行われるエリアの範囲を定める2本のロープ）のあいだに出走馬が入ってくるときだ。スタート直前に、スターターによる出走馬の紹介があるが、その順番もくじ引きで決まる

157（下） カンポ広場で繰り広げられるレースの真の主役は馬だ。だからこそ、騎手を振り落としても、1着でゴールさえすれば、その馬はコントラーダに勝利をもたらすことができるのである

サ・サルティリア（騎馬祭り）

イタリア ■ オリスターノ

サルデーニャ島の町オリスターノは毎年、見ごたえのある催しの舞台となる。
カーニバル（謝肉祭）の期間中に催されるこのイベントは、
春先にその年の幸先（さいさき）を占う意味合いを持つ。

500年以上前から、毎年のカーニバル・サンデーとその週の火曜日に、サルデーニャ島のオリスターノではサルティリアと呼ばれる古い祝祭が催されてきた。中世の馬上槍試合を彷彿とさせ、なおかつ、幸運を祈り神の怒りを鎮める儀式の象徴性を再現するイベントである。騎手たちは星形の的の中央にあいた穴に剣や木の槍を突き通さなければならない。この星形の的は大地を象徴し、剣や槍を突き通す行為は大地が実りをもたらすようにすることを意味している。十字軍の時代にヨーロッパで行われた騎士による馬上槍試合に起源を持つサルティリアは、最も華やかな民俗行事のひとつであり、そして何よりも、サルデーニャ文化の最も情熱的な一面を示す。魔法と繁栄、貧困と苦痛と希望、実にさまざまな象徴がちりばめられた祝祭である。

サルティリアの期間中、オリスターノは祭り一色となり、音楽と色彩とみごとな仮装に身を包んだ人々、そして何よりも、馬であふれかえる。サルティリアには120人の騎手が参加し、「パリリア」と呼ばれる3人一組のチームに分かれる（約40のパリリアが編成される）。馬はサルデーニャ島で生まれ育ったものばかりだ。もともと、古くから乗馬の伝統が息づく島なのである。馬たちが非常に活発で運動能力に優れ、軽快で機敏なのは、古代の気高いアラブ馬の血が流れているからだ。アングロ＝アラブ種といえばたくましく勇敢な馬として知られており、サルデーニャにおけるその血統は、島のブリーダーと騎手の誇りにほかならない。サルティリアに出る馬は、1年間みっちり調教を受け、本番にはベストの状態で臨む。そうすることで初めて、元気いっぱい、難なく務めをまっとうすることができるのである。パリリア単位でのレースの主役は、小柄で敏捷なジャーラ馬（この島のジャーラ高地原産）が務めることが少なくない。

日曜日と火曜日にそれぞれ1回ずつ行われる「星刺し競技」を指揮する役回りとして、「コンポニドーリ」と呼ばれる騎手が指名される。コンポニドーリを指名するのは古くからある2つのギルドの要人で、日曜日は農業者のギルド、火曜日は家具職人のギルドが受け持つ。コンポニドーリが衣装を身にまとう儀式（着服の儀式）には、さまざまの象徴的な意味が込められており、午前中いっぱいかけて執り行われる。ようやくコンポニドーリの支度が整うと、乗用馬が1頭与えられる。拍手と歓声が響くなか、コンポニドーリはその馬にまたがって広場に入ってゆき、集まった観衆に挨拶をし、祝福を与える。その後、コンポニドーリは2騎のパリリアを従えてサンタ・マリア・アッスンタ聖堂の前庭に向かう。そこで、待ちに待った星刺し競技がスタートする。ドゥオモ通りにはこのときのために砂が敷き詰められている。聖堂の鐘楼のすぐ下に緑色のリボンが1本張られていて、その中央にぶらさがっているのがブリキでできた星形の的だ。

競技の幕が切って落とされると、まずはコンポニドーリが腕試しをする。2人の副官を従え、星を“刺し貫こう”

158　サルティリアという名称はスペイン語のソルティハに由来する。ソルティハは、ラテン語のソルティコラ（小さいソルス、「幸運」を意味する）から派生した言葉で、「指輪」を意味する。星刺し競技は、まさしく「ランニング・アット・ザ・リング（指輪突進）」のカテゴリーに属する

と槍をかまえて突進するのだ。それが終わると、選抜されたほかの騎手たちに順番がまわってくる。星形の的を“刺し貫いた”騎手には小さな銀の星が与えられる。彼らは星を手に入れるべく、ドゥオモ通りを馬で駆け抜ける。星刺し競技のしめくくりとして、パリリア対抗レースが行われる。これはサン・セバスティアーノ教会の前庭からスタートし、3騎の騎馬がぴったりと横並びの隊列を組んで全力疾走するというもので、馬上の騎手は、この日のために何カ月もかけて練り上げた華々しくも息を呑むようなアクロバティックなポーズを披露する。すべてが終わると、周囲が静まり返るなか、コンポニドーリは着服の儀式を執り行った場所まで戻り、そこでようやく馬を下りる。拍手と歓声とドラムロールをBGMに、今度は衣装を脱ぐ儀式がはじまる。星刺し競技は終わり、パリリア・レースにも決着がつき、馬たちは厩舎に戻される。けれども、まだ1日は終わっていない。祝杯をあげる長い夜は、これからはじまるのである。

160-161「ランニング・アット・ザ・リング（指輪突進）」は騎手が槍を指輪にくぐらせるか、または的（サルティリアの場合は星形をしている）に当てる技を競う競技をいう

162 騎手はブリキでできた星の中央にあいた穴に、剣または木製の槍を突き通さなければならない。この星は大地の象徴であり、サンタ・マリア・アッスンタ聖堂の鐘楼のすぐ下に張られた緑色のリボンにぶらさげられる

163 総勢120人の騎手が3人一組40チームに分かれて参加するサルティリア。当日はオリスターノの町が祭り一色となり、色とりどりのきらびやかな衣装と馬装に身を包んだ人馬を見物しようと、人々は通りに鈴なりになる

荒野の再野生馬

イタリア ■ ジャーラ高地

ジャーラ高地では、放たれた馬が
野生を取り戻した姿を見ることができる。

サルデーニャ島で自由に、かつ誇り高く生きるこの馬は、再野生化した品種のひとつである。ジャーラ馬は古くからこの島に生息する小柄な馬で、あまりにも起源が古いため、生きた化石とさえ呼ばれてきた。どうやら5世紀にフェニキア人とギリシャ人によってこの島に連れてこられた品種らしい。「ジャリーノ」とも呼ばれるこの馬は、生息地である玄武岩台地（火山活動によって生じた地形）にちなんで名づけられた。ジャーラ馬は何世紀ものあいだジャーラ高地の環境で過ごしてきたことで、完璧に一体化している。

サルデーニャ語で「サ・ジャーラ」と呼ばれるこの高地は、島の南西部に位置する。面積は約45km²で、高度は海抜500ないし600mである。ジェストゥリ、ジェノーニ、セッツの3自治体および、カリャリ、ヌーオロ、オリスターノの3県にまたがる。岩が多く、密生する草と灌木（かんぼく）地帯に覆われており、ジャーラという言葉は、まさにその過酷な環境をいいあらわすために地元の人々がつくったものだ。急峻な斜面には先史時代からずっと、ごくわずかな集落しか存在せず、そのため、陸の孤島のような環境を生み出した。そして、周囲から隔離されたこの環境こそが、ジャーラ馬をこれほどまでに特別な存在にした要因といえる。自然のままの厳しい環境や乏しい牧草に加え、人間やほかの品種とほとんど接触しないということが、長い歳月を経るうちに自然淘汰の過程に影響を及ぼし、その結果、丈夫でたくましく、活力に満ちた、誇り高く不屈の気概を持つ馬を生み出したのである。そして何より、体高が135cmを超えない小柄な体もまた、こうした環境によるものだ。もっとも、小さいからといってジャーラ馬をポニーと呼ぶのは正しくない。従来の馬をひとまわり小さくしたようなその姿かたちは、小柄で頑丈なポニーのそれとはまるで別物だからだ。ジャーラ馬は正真正銘の馬である。過去数世紀のあいだにこの馬を研究した熱心な人々が記述した本質的な特徴は、今なお失われていない。ジャーラ馬の生きかたがことのほか興味深いのは、野生馬に特徴的なハーレム型（順位型）の群れ構成をいまだに維持している点だ。彼らは1頭の牡馬と複数の成熟した牝馬からなる群れをつくり、それぞれの牝馬が産んだ1歳未満の子馬と、そのほかの若い牝馬および牡馬を従える。実はジャーラ馬の生息地は、野生馬の典型的な遺伝子型を（部分的にせよ）再現するのに理想的な環境だったのである。こうした特徴はごくまれであり、世界中を見わたしてみても、ほかの地域のウマ科の系統にほとんど見られない。ジャーラ馬のこうした退縮進化がもたらした結果のひとつに、おとなしそうな外見とは異なる、悍の強い、荒々しいといってもいい性質がある。脅威を感じたときにはいつでも、思いもよらないほどの力を発揮し、意外なほど抵抗し、勇敢に戦うことができる。そのような性質のために、品種を同定するためだろうが、健康状態のチェックや治療のためだろうがどんな理由にせよ、“ジャリーノ”を捕まえようとするのは、決して楽な仕事ではない。ただし、一度手なずけてしまえば、それまでの苦労が嘘のように御しやすくなる。そのため、本来は血の気の多いこの小型の馬が、競技会で若い未熟な騎手を乗せている光景を見るのは珍しくない。

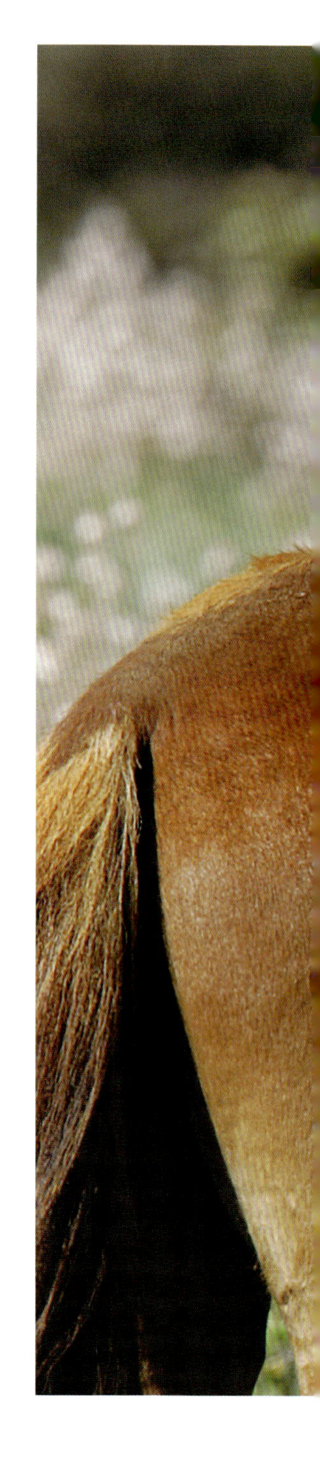

164-165　ジャーラ馬は悍の強い反抗的な性質で知られるが、これらはその名前の由来であるジャーラ高地の、周囲から隔離された、やや厳しい環境で何世紀も生き抜いてきた結果といえる

165　ジャーラ馬は群れをつくり、自由奔放に生きている。この環境とそこで繰り返される自然のサイクルが、今なお野生馬と呼ばれる数少ない品種のひとつであるこの馬の生き残りを決定づけた

イタリア
ジャーラ高地

166-167　たとえ“ジャーラ・ポニー”と呼ばれることがあるとしても、その姿かたちは紛れもなく馬のものだ。ただし、非常に小柄であることは確かで、体高が135cmを超える個体はいない

167　何世紀ものあいだ野生のままに生きてきた結果、ジャーラ馬は生息地である高地に完全に順応した。また、ほかの品種との接触がほとんどなかったおかげで、初期の研究者たちの記述した小型馬との同一性を保ち続けている

美しい青毛

イタリア ■ ムルジェ台地

漆黒の毛並みを持つこの誇り高く力強い馬は、
かつては力仕事のパートナーとして信頼厚かったが、
今では趣味の乗馬にもってこいの馬として重宝されている。

何世紀ものあいだ、アプリア（プーリア州の古称）はイタリアでも有数の景勝地であるだけでなく、馬産の非常に盛んな地域のひとつだった。「ムルケーゼ」という優れた馬を生んだのも、この地である。南イタリア原産の古く特異な品種のなかで、絶滅を免れたのはムルケーゼだけだ。その名の由来でもあるムルジェは森林と森林放牧地を特徴とする台地で、アルベロベッロ、チェーリエ・メッサーピカ、チステルニーノ、マルティーナ・フランカ、ロコロトンド、ノーチの各町を擁する。これらの町はロバの繁殖・飼育でも知られ、なかでもマルティーナ・フランカ・ロバが有名である。

ムルケーゼは高貴な出自を誇る。古代には貴族がほぼ独占的に繁殖・飼育していたことを考えれば、当然だろう。1482年以降は、アックアヴィーヴァ家、コンヴェルサーノ伯、カラッチョロ家、マルティーナ・フランカ公といったアプリアの封建領主たちが、美しい青毛をした堂々たるこの馬を飼養し、自慢の種にしていた。ちなみに、漆黒の被毛は、在来種の牝馬をアンダルシア馬や東洋馬、アフリカ馬、バルブ馬、アラブ馬の牡馬と計画的に交配させた結果生まれたものだ。大柄で抵抗力があってたくましい、農耕馬に適した新しい品種を生み出すべくスペインとアラビアから種牡馬を輸入したのは、コンヴェルサーノ伯である。ムルケーゼの特徴のひとつに挙げられるのがその抵抗力で、これは、オークとホルム・オーク（トキワガシ）の森林に覆われた1万4,000ac（約56.7km²）の土地の厳しい自然環境で代を重ねてきたという事実から来る強みにほかならない。なだらかな斜面を覆うどちらかといえばまばらな牧草地は、雨量の少なさとともに、ムルケーゼの生息地の特色をなしている。ゴツゴツとした荒涼たる石灰岩質の丘が連なり、そこに白壁の農家が点在している景観は、ムルケーゼの黒い被毛を形成するのに一役買ったといえるだろう。

しかし、ムルケーゼならではの特徴は、なんといってもその素直さと勇敢さだ。だからこそ農作業にとどまらず、今では幅広い用途に使われているのである。軽輓馬として、あるいは乗馬ツアーや田園地帯の趣味の乗馬に活用されるだけでなく、乗馬学校やドレッサージュや障害飛越競技でも頼りにされ、さらにはホースセラピー（馬による動物介在療法）でも重宝されるなど、実にさまざまな分野で活躍している。

ムルケーゼは活力、バランス、どんな地形でも乱れない安定した足取りに加え、比類のない抵抗力を備えているため、経験の浅い乗り手も長距離のトレッキングやカントリーライドを安全に楽しむことができる。ムルケーゼを開けた田園地帯での仕事で使うこともあるイタリア森林警備隊（監注：2016年に解体）ならよくわかっていることだし、このパワフルなイタリアの黒鹿毛にまたがることができた幸運なファンたちもまた然りだろう。アプリアは一度は訪れる価値のある土地だが、観光農業を掲げる農家も多く、そうした農家の提案で美しいムルジェ台地での趣味の乗馬を楽しむことができる。

168　ムルジェ台地はアプリアにあるムルケーゼの故郷であり、ムルケーゼの名はこの台地にちなむ。現在、この品種はイタリア全土に普及している。従順さとたくましさを併せ持つため、トレッキングと趣味の乗馬にはもってこいの馬だ

168-169　ムルケーゼはほかの馬にない魅力を持つ。漆黒の被毛と気位の高さ、そして調和の取れた歩様。イタリアのブリーダーにとって、この古い品種ほどの自慢の種はない

スロベニア
リピカ

優美な白馬

スロベニア■リピカ

世にも名高い白馬、リピッツァナーは、
高等馬術の花形ともいうべき存在だ。

優雅な身のこなしと白い被毛を持つリピッツァナーは、人々を魅了する馬だ。過去4世紀というもの、かの有名なウィーンのスペイン馬術学校（1572年創立）で押しも押されもせぬスターの座を守ってきただけのことはある。しかしその一方で、彼らは輝かしくも波乱に富んだ歴史を目の当たりにしてきた。リピッツァナーは1580年、神聖ローマ帝国皇帝フェルディナントⅠ世の三男、シュタイアーマルクのカール大公（オーストリア大公カールⅡ世）によって生み出された、ヨーロッパで最も古い品種のひとつである。その名はイタリアの町リピッツァ（現在はスロベニア領リピカ）にちなむ。カール大公はそこに、ウィーンの宮廷で使う馬の生産牧場を設けた。リピッツァナーはアクイレイア、ポレージネ、ヴェローナといったイタリアの各地方で生まれた牝馬を基本に、オランダの牝馬、アンダルシア馬、ネアポタリノ種、そしてアラブ種の牡馬や牝馬と交配させることで確立された。トレードマークである白い被毛はこうした血筋に由来し、オーストリア・ハプスブルク家によって、はじめから意図的に選別された結果生まれたものなのである。

現在知られているリピッツァナーがほかとはっきり区別できる形態にたどり着いたのは、18世紀中葉、オーストリアの“女帝”マリア・テレジアの治世においてだった。マリア・テレジアの夫、ロートリンゲン（ロレーヌ）公フランツが、王立繁殖場の創設に並々ならぬ関心を抱いていたからだ。その結果生まれたのは、たくましい四肢と力強い動きを持つコンパクトな馬であり、際立って高貴な、いかにも「バロック的な」身ごなしをする優美な馬だった。これらはいずれも、当時馬に求められた欠くことのできない資質である。以来、リピッツァナーは自然災害や歴史的災厄、戦争といった多くの苦難に耐えなければならなかった。それでもこの品種は国土の分割や分断、疫病、火災、地震、戦争、そして、オーストリア＝ハンガリー帝国の解体といった試練を無傷で生き延び、いにしえから続く歴史を現在に伝えることに成功したのだった。

こうした有為転変の最後を飾る、おそらく最も人目を惹くエピソードは、第二次世界大戦末期のものだろう。当時ドイツに徴用されていたリピッツァナーは、プラハ近郊に集められていた。ソビエトが戦後の管理を行うことになっていた地域である。1945年4月、アメリカの名将ジョージ・パットンは、ソビエト軍が進駐してくる前に、リピッツァナーをアメリカの管理下にあるモンテネグロに移送することを決める。また、それとは別に、オーストリア陸軍大佐アロイス・ポドハスキーは、重爆撃の対象になっていたウィーンから種牡馬を郊外に疎開させていたのだが、それらの保護をパットン将軍に頼み込んだ。ポドハスキーは1936年のベルリン・オリンピックでドレサージュ個人戦の銅メダルを獲得しており、なおかつ戦時中はウィーンのスペイン馬術学校の校長でもあった。こうしてアメリカ軍はリピッツァナーを3つのグループに分け、それぞれを血統書とともにオーストリア、ユーゴスラビア、イタリアに移した。計り知れない価値を持つこの血統書は、1810年に生まれた個体の記録からはじまるが、今から2世紀前に生まれた馬たちの多くは、その祖先をた

170-171　リピッツァナーの牡馬が自由奔放に駆ける姿には、この品種が持つ活力と優雅さが余すところなくあらわれている。現在、その血統には6つの父系と15の母系があり、いずれも“クラシカルな”血統と呼ばれる。今生まれるリピッツァナーはすべて、そのいずれかに属する

170　リピッツァナーの繁殖場は1580年、イタリアのリピッツァ（現在はスロベニアの町リピカ）に設けられた。ヨーロッパ最古の品種であるこの馬の子馬は、今でもそこで生まれる

どることができた。そうした祖先のなかで「最も古い」のは、1738年生まれの「コロンバ（イタリア語で「鳩」の意）」と名づけられた牝馬である。この血統書は、今なお続く血統を通じても、リピッツァナーという品種の古さを立証している。現存するのは6つの父系と15の母系からなるいわゆる“クラシカルな”血統で、現代に生まれたすべてのリピッツァナーはそのいずれかの血筋に連なる。品種として完成して以降、リピッツァナーは常に純血が保たれ、“バロック・ホース”の特徴、パレードやドレッサージュや古典的な高等馬術に欠かせない“乗馬学校の”馬としてのすばらしい資質、を維持するために改良が続けられている。優れた学習能力に意志力、従順さ、たくましさ、耐久力といった持ち味が相まって、リピッツァナーは用途を選ばない。とりわけ軽駕速歩競走と外乗にはうってつけだ。

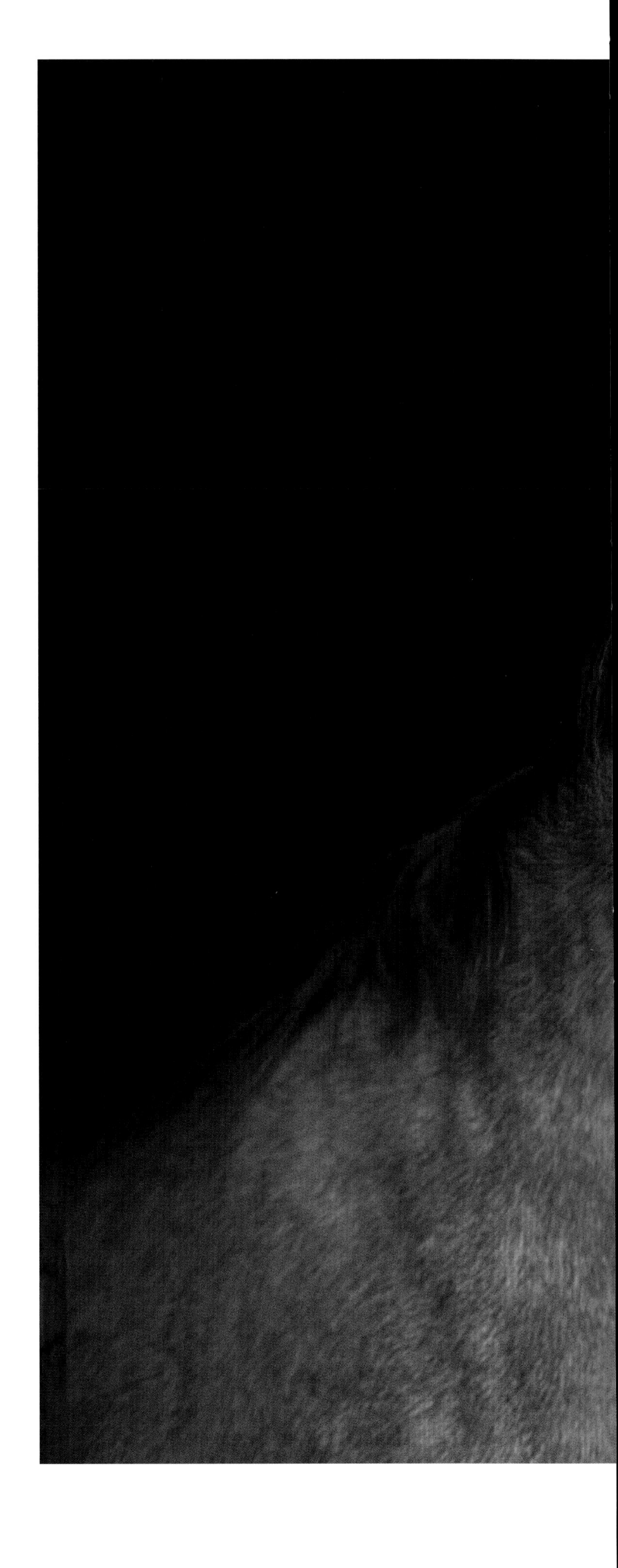

172-173　リピッツァナーは“バロック・ホース”が持つ品種の特徴を維持するため、常に純血種として繁殖・飼育されてきた。このことが、はっきりとした形態学的特徴を備えた馬を生産するのに役立ったといえる

174-175　誰しも認める質の高さに加え、リピッツァナーはトレードマークともいうべきその毛色でも名高い。すべての葦毛の例に漏れず、彼らの白い被毛は生来のものではなく、年齢とともに白くなる

オーストリア
ウィーン

バロック馬術

オーストリア ■ ウィーン

ウィーンのスペイン馬術学校は、
何世紀にもわたって偉大な馬術の伝統を維持している。

1572年の創設以来、スペイン馬術学校は高等馬術の殿堂のひとつに数えられ、バロック馬術の古典的な教えを後世に伝えてきた。古代の軍馬の訓練法のうえに成り立つ「高等馬術」は、馬の自然な動きに基づいている。その動きは最も純粋な形で、なおかつ最も完成度が高いものだといえる。ウィーンのスペイン馬術学校は馬術の世界で最古の機関であり、貴族に「馬術という芸術」を習得させるべくハプスブルク家が創設した。ありとあらゆる形式の祝賀行事、パレード、行進が、オーストリア=ハンガリー帝国の宮廷のイメージを形づくる重要な機会だった時代である。スペイン馬術学校という名称は、元来スペイン産の馬を使っていたことに由来するが、今はリピッツァナーを用いている。この優れた品種は、スペイン馬術学校と運命をともにしてきた。

こんにち、この学校はオーストリアの誇りであり、文化的・歴史的に重要な機関として維持されている。また、その観光資源としての価値は計り知れない。現に、調教は毎日一般公開されているし、週に2回ホーフブルク宮殿の「冬の馬術学校」で馬術供覧が行われている。「冬の馬術学校」は1735年の開始以来ずっと、葦毛のリピッツァナーにまたがった騎手たちが高等馬術を披露する場である。ウィーンのスペイン馬術学校は、ウィーンから遠くないピーバーという町で飼養されたリピッツァナーの牡馬しか使わない。この馬たちは学校所属の騎手の手で調教されるのだが、4歳になってからはじまる調教の過程は長く、段階的で、可能な限り無理のないスケジュールで行われる。騎手たちもまた、慎重に選別される。高等馬術のエクササイズを若い牡馬に教え込むことが許される水準に達するまで、7、8年かかるという。

こうしたエクササイズは「空中馬術(エアーズ)」と呼ばれる。そのうち、馬が肢を高く持ち上げないものは、「ピアッフェ」(1カ所にとどまって行う収縮速歩)や「ピルエット」(内側の後肢を中心にぐるりと旋回する動作)などがある。一方、馬が両前肢を持ち上げるものには、「パッサージュ」(前肢を高く上げるゆっくりとした速歩)と「ルバード」(前肢を持ち上げて後躯を沈め、曲げた後肢で全体重を支える姿勢)がある。そして、最も派手で難しいのが、馬の四肢がすべて地面から離れる技で、「クールベット」(ルバードの姿勢のまま、後肢で地面を蹴り、前進する技)と、さらに高度な「カプリオール」(同じくルバードの姿勢から後肢を強く後ろに蹴ることで、一瞬馬体が完全に宙に浮く技)がある。「シュルクゥドリール」で演技を公開できるようになるまで最低でも6年はかかるといわれ、なおかつ、最も見ごたえのある「空中馬術」を披露できるのは、ずば抜けて才能豊かなうえ鋭敏な、ごく少数の馬に限られるという。

176-177　ウィーンのスペイン馬術学校による馬術エキシビション。いわゆる「シュルクゥドリール」を観覧することで、かつてハプスブルク朝の宮廷に漂っていた厳(おごそ)かな雰囲気が味わえる

176　その昔、饗宴が催された壮麗な広間を使用する「冬の馬術学校」では、馬術家が堂々たるリピッツァナーを調教し、最上級の技を仕込む

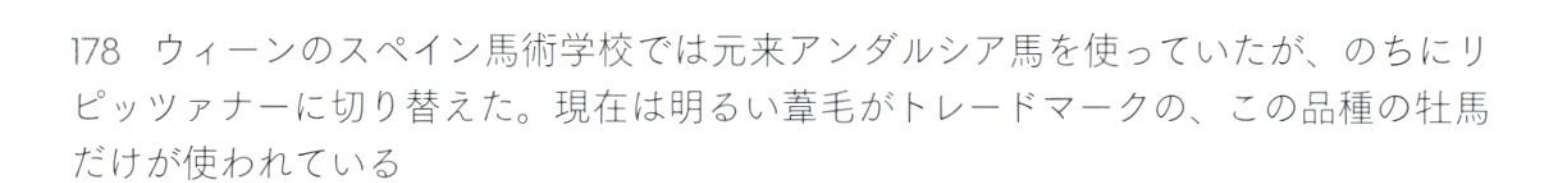

178　ウィーンのスペイン馬術学校では元来アンダルシア馬を使っていたが、のちにリピッツァナーに切り替えた。現在は明るい葦毛がトレードマークの、この品種の牡馬だけが使われている

178-179　高等馬術のパフォーマンスで使われる馬は、すべてスペイン馬術学校の馬術家が調教する。もっとも、馬に高等馬術の調教を行えるようになるまでには長い年月を要する

180-181　リピッツァナーの牡馬の調教は毎日行われる。その様子は一般公開され、高等馬術の華々しいルーティーンが見られる馬術供覧は週2回実施される

チコーシュの土地

ハンガリー■プスタ

見渡す限り広がる大草原プスタは、チコーシュと呼ばれる
ハンガリーのカウボーイたちが、良質な品種を飼養する場である。

ハンガリーは優れた馬の産地として知られる。実際、大草原プスタで生まれ育つ馬たちは良質な品種だといえる。それはハンガリーの人々が馬を飼養・調教するなかで、長い歳月をかけて切っても切れない絆を築いてきたおかげだろう。ハンガリーの馬について語ることが、名高い牧夫にして熟練の馬術家でもあるチコーシュ（カウボーイ）について語ることと同義なのは、それが理由だ。もし、ギドラン、ノニウス、フリーオゾー=ノース・スターといった品種が世界中で知られ、高く評価されているとしたら、それは伝統的な衣装を身にまとったチコーシュたちが、今なお馬のブリーダーおよび調教師として活躍しているからにほかならない。チコーシュが彼らのまたがる馬とともにどこでもよく知られているのは、何よりもその卓越した乗馬術、そして馬術ショーや曲芸まがいのエクササイズで示すテクニックと勇気によってである。なかでも最もよく知られているのが「プスタ・ファイブ」と呼ばれるもので、これは騎手1人で2頭の馬の背に立って長い手綱を握り、その2頭を含む5頭を御して全力疾走させるという豪快な技である。

ハンガリーでは、馬は人間とひとつに結びついている。もうひとつ、ハンガリー産馬のさまざまな品種に共通するのが、いずれもアラビア馬の血を引いていることだ。1526年、モハーチの戦いで敗れたハンガリーはオスマン帝国に支配される。以来、東洋馬が大量に入ってきて定着し、それらがプスタで生まれ育つ在来種に大きな影響を与え続けたのである。その後、1769年開設のバボルナや1785年開設のメズーヘジェシュといった国立牧場が、ハンガリー産馬を改良し、世界的に知られるほどの水準にまでそれらの評価を高めた。両牧場は騎兵用、あるいは大砲を牽かせるための良質な軍馬を生産したが、1816年に戦術の転換が起こり、アラブ種の血がより色濃くあらわれた馬が重宝されるようになると、メズーヘジェシュ牧場ではギドラン（別名ハンガリアン・アングロ=アラブ）という品種が開発される。これは特徴的な栗毛が有名な、極端に激しい気性と勇気、屈強さで知られる品種である。

メズーヘジェシュ牧場が生み出したのはギドランだけではない。1813年、ユサール（ハンガリーの軽騎兵）が、ライプツィヒの戦いでフランス軍から奪った1頭の鹿毛の牡馬を連れ帰ってきた。その馬は「ノニウス・シニア」と名づけられ、メズーヘジェシュ牧場で繁殖用の種牡馬として使われた。決して立派とはいえない体格にも関わらず、ネアポタリノ種およびアンダルシア馬の牝馬と交配させたところ、これが成功を収める。その血を引く牡馬はアラブ馬およびクラドルーバー種の牝馬と交配され、新品種ノニウスの特徴が確立された。鹿毛および青毛で、抵抗力があり、屈強かつ感受性豊かなうえ御しやすく汎用性が高いノニウスは、軽輓馬として優れるだけでなく、乗用馬としても活躍している。そのうえハーネスレース（繋駕速歩競走）でも非常に優れた能力をみせ、文句のつけようのない馬である。

ハンガリー産馬でもうひとつ特筆すべきは、フリーオゾー=ノース・スターである。この品種の名称もまた、始祖（厳密には始祖と認められている2頭の馬）の名前にちなむ。起源はオーストリア=ハンガリー帝国の時代にさかのぼる。1841年、メズーヘジェシュ牧場は「フリーオゾー」という名のサラブレッドの牡馬を輸入する。そして1844年、「ノース・スター」と呼ばれる1頭のノーフォーク・ロードスター（イギリスの交雑種。馬車馬）が同じ牧場に連れてこられた。ノニウス・シニアの血を引く牝馬と交配させてみると、この2頭の牡馬はすばらしい結果を出す。彼らの血を引く優れた子馬は、当初、別の品種にされていた。しかし1885年、2つの血筋は統合され、優雅で高貴で体格の良い品種となった。フリーオゾー=ノース・スターと名づけられたこの品種は、何よりも馬車馬としてほかの品種と競い合う水準にまで特化されたが、気立てが良く、乗用馬としても様になるということで、広く普及した。

182-183　プスタのチコーシュ（カウボーイ）は、優れた騎手であり調教師でもある。彼らの貢献なしに、ハンガリー原産馬の品種を選別して発展させることはできなかっただろう

183　チコーシュの世界には、人間と馬との紛れもない共生関係が存在する。馬を扱う彼らの能力と、馬が人間に対して抱く敬意とが相まって、両者の関係を世界に2つとないものにしている

184-185「プスタ・ファイブ」は、アクロバティックな乗馬術で知られるチコーシュが披露する典型的な技のひとつである

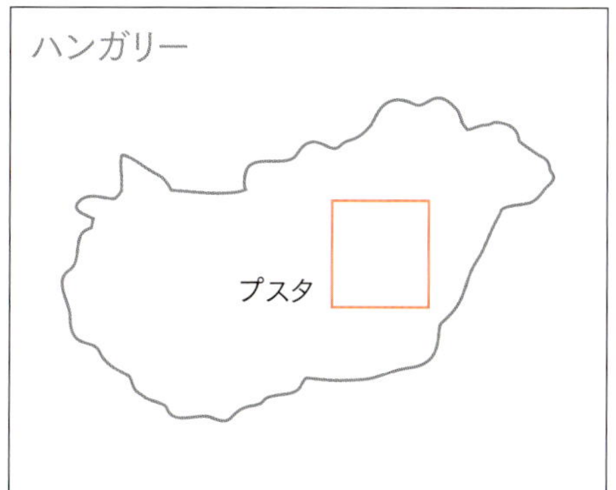
ハンガリー
プスタ

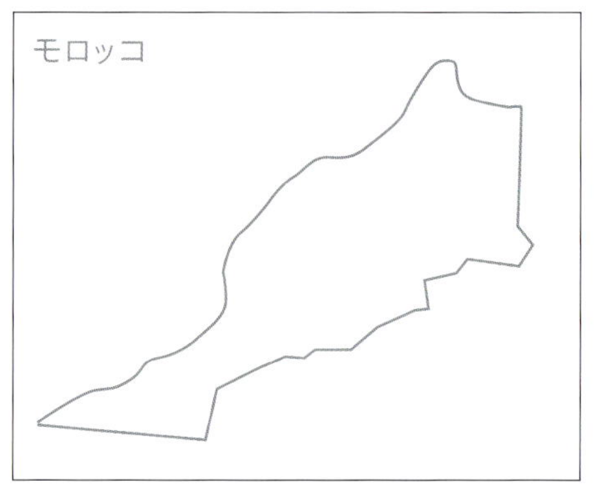
モロッコ

歴史の主役

モロッコ

古代から近現代に至るまで、
バルブ馬は海を渡っては1つの大陸から別の大陸に広がり、
歴史上、常に大きな役割を演じてきた。

バルブ馬はそれほどよく知られた品種ではない。にも関わらず、何世紀にもわたって存在感を示してきた。それは美しく優雅な外見だけでなく、何よりもそのおおらかな心根のなせるわざといえる。バルブ馬は生まれつき、求められる以上に働いてしまうたちで、当初の予定よりも長い距離を走るのをいとわない。

バルブ馬の歴史は、何世紀にもわたって彼らを飼養してきた人々と密接に結びついている。「バルブ」という名前は、バルバリア海岸の住人を指す「バルバリアン（ベルベル人）」に由来する。バルバリア海岸は北西アフリカ一帯（モロッコ、アルジェリア、チュニジア、リビア西部）を指し、マグレブとも呼ばれる。

バルブ馬はその気立ての良さと勇敢さのおかげで、歴史的に重要な多くの出来事に関わってきた。アルジェリア原産ながら、早くも6世紀にはビザンティン帝国の偉業に貢献している。7世紀、ターリク・イブン・ズィヤードが7,000頭のバルブ馬からなる騎兵隊を連れてスペイン入りすると、そのスペインから、ヨーロッパを席巻するイスラム教徒の長い行軍のお供をすることで、バルブ馬はフランスに到達した。その後、バルブ馬はアラブの騎兵隊で高い評価を不動のものにする。実際、アラブの騎兵がシチリア島とアプリア地方（イタリアのプーリア州の古称）の征服に乗り出したとき、彼らが連れていったのはバルブ馬だった。

イタリア産馬のなかで最も古く、かつ最も高い評価が与えられている2つの品種、ネアポタリノ種とムルケーゼの起源は、バルブ馬に見出すことができる。また、コルドバにバルブ馬の最も重要な繁殖牧場があったことから、その血はスペイン産馬にも受け継がれている。バルブ馬はフランスとイギリスに瞬く間に普及し、フランスとイギリスの数多くの歴史的事件で大きな役割を演じた。最も重要な馬産の伝統を有するヨーロッパ各国を席巻したため、著名な品種の多くはバルブ馬の血を引いている。

こんにち、バルブ馬のほとんどは北アフリカのアルジェリアで暮らしており、その頭数は約1万頭である。加えてアラブ=バルブ（バルブ馬とアラブ種との交雑種）が9万頭を数える。バルブ馬は体高が約1.57mである。その頑丈な体のつくりのおかげで、現在のアルジェリアにおいては、エンデュランスの押しも押されもしない王者である。しかし同時に、障害飛越競技とドレッサージュでも優れている。アルジェリアの「ソシエテ・デ・クールス」（競馬協会）が主催する数々のレース（距離1,800〜2,400m）とドレッサージュのイベントにおけるその活躍は、よく知られている。

またバルブ馬は、アルジェリアのファンタジーショーでも確固たる役割を果たしている。これは馬たちが500mの距離を全力疾走し、いっせいに停止する見世物で、馬が走っているあいだ、騎手はライフル銃を撃つ。横一列になって走る馬の数はそのときによって違うが、最大17頭まで一緒に走ることができる。

アルジェリアには原産地が異なり、特徴も違う3種類のバルブ馬が存在する。ほっそりとして優美な高地のバルブ馬、大柄でより頑丈な東部のバルブ馬、そして、小柄で引きしまった体つきをしている平野部と沿岸部のバルブ馬である。

186-187　この美しい連銭（れんぜん）葦毛（灰色の丸い斑点のまじった葦毛）は、馬齢が若いことを示している。灰色部分は歳を重ねるうちに色褪せる傾向があり、最後にはほぼ白くなる

186　バルブ馬は故郷北アフリカで発展し、広まっていった。人間にとって欠くことのできないパートナーとなった

188-189　バルブ馬は砂の上でも機敏に動ける。この疲れ知らずで自信に満ちた馬は、早くも6世紀にはビザンティン世界の主役の座を担っていた

190-191 純粋なバルブ馬に加え、現在北アフリカにはバルブ馬とアラブ種の交雑種がいくつも存在する。アラブ=バルブもそのひとつだ

191 タフでしっかりとした体つきをしているおかげで、バルブ馬は不毛な砂漠の気候に耐えることができるし、エンデュランスでは不動のチャンピオンでいられる

192-193　エキゾチックな砂漠の町。乗り手の衣装と馬飾りが織りなす色彩のコントラスト

193　バルブ馬は優雅な動きがトレードマークの誇り高い馬だ。非常に気性が激しく活発だが、従順である。何時間でも見張りができる

194（上）一群のバルブ馬が全力で駆けだすなか、騎手たちは空に向かってライフル銃を撃つ。アルジェリアで催されるファンタジーショーのなかで、最も胸躍る場面のひとつだ

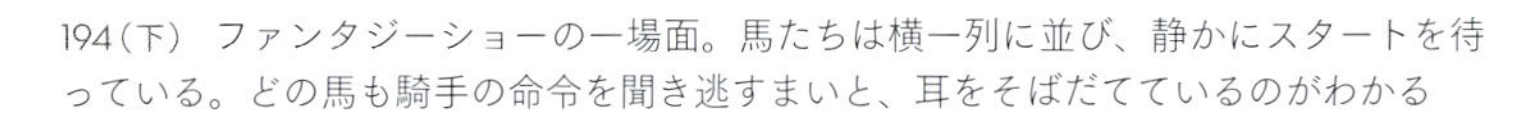

194（下）ファンタジーショーの一場面。馬たちは横一列に並び、静かにスタートを待っている。どの馬も騎手の命令を聞き逃すまいと、耳をそばだてているのがわかる

194-195 葦毛のバルブ馬に施された華やかな馬装が目を惹く写真だが、騎手たちの伝統的な衣装にも注目してほしい

純血種のなかの純血種

エジプト

アラビア馬（アラブ種とも）は世界で最も重要な純血種だが、
そのなかでも「アシル（純血）」を名乗ることができるのは
エジプシャン・アラビアンだけだ。

アラビア馬は最も美しく、最も誇り高く、最も優美な馬である。そして、あらゆる品種のなかで最も純血の度合いが高い馬でもある。アラブ種、あるいは純血アラブと呼ばれる馬は世界各地で生産されているが、原産地はアラビア半島であり、しかも、「アシル」の名（砂漠の馬だけを祖先とする個体をそう呼ぶ）が使われる馬は、今ではエジプシャン・アラビアンしかいない。アラビア馬の起源は歳月という霧の彼方に失われてしまった。きっと伝説が歴史へと切り替わる狭間にあり、イスラム文化およびベドウィン諸部族の文化と密接に絡み合っているのだろう。実際、アラビア馬という品種の純血が、その輝きをいささかも損なうことなく今日まで保たれてきたのは、ベドウィンのおかげなのである。

ベドウィンはいつの時代も、馬を神の恩寵（おんちょう）とみなしてきた。それもそのはずで、アシルを繁殖・飼育することをほとんど宗教上の義務にしたのは、ほかでもない、イスラム教を創始した預言者ムハンマドなのである。その教えのなかでムハンマドは、アシルの純血を確保するため、「高貴な」（アシルの牡馬とだけ交配してきた、という意味）牝馬だけがアシルを産むことができるという規則を打ち立てた。それ以外の交配により生まれた馬もアラビア馬とみなされたが、そうした馬は「カディシュ」（雑種）と呼ばれた。もともと、“純粋な”アラビア馬はすべてアシルと呼ばれていた。彼らは例外なく、ムハンマド自身が選んだ5頭の牝馬を始祖とする最も有名な5つの血統のいずれかに連なると考えられていたわけだ。けれども現在では、アシル、すなわち「砂漠の純血馬」とみなすことができるのは、その系譜をたどるかぎり、エジプシャン・アラビアン（いわゆる「ストレート・エジプシャン」）だけだということになっている。

そういった「区別」が必要になったのは、ムーア人によるヨーロッパ進出の結果としてこの品種が広く普及したからである。その魅力や力強さをはじめとする傑出したさまざまな資質のおかげで、アラビア馬はあらゆる国の貴族と軍隊から、贈答品としても戦利品としても非常に評価が高かった。あまりにも評価が高かったため、18世紀から19世紀にかけて、旧世界では国有牧場が次々に誕生し、アラビア半島から牡馬と牝馬を継続的に輸入するようになった。ドイツのマールバッハ、ハンガリーのバボルナ、ポーランドのヤヌフ・ポドラスキ、フランスのタルブ、ポー、ポンパドゥール、そしてブラント一族が経営するイギリスの有名牧場（19世紀末に創設される、名高いクラバット・アラビアン・スタッドの前身）といった欧州各国の繁殖牧場で生産された貴重なアラビア馬は、世界中の品種の飛躍的改良に大きく貢献した。もっとも、こうした牧場の馬は、必ずしもアシルの血だけを引いているわけではない。

「ストレート・エジプシャン」の認知度は、第二次世界大戦が終わって間もない1949年を境に大きく向上する。その年、バボルナ繁殖牧場の牧場長だったティボー・フォン・ペッコー=サントナーが、エジプトの国立繁殖牧場、エル・ザッラーの管理を引き継いだのである。繁殖として供用している牡馬と牝馬がアシルの血を引いているかどうかを厳しく調査し、各個体の姿かたちと歩様をチェックすることで、このハンガリーの軍人はわずか6年で選択的交配の基礎を根づかせることに成功した。それを促したのが、史上最も重要なアシルの牡馬とされるナズィールである。ナズィールとその子孫は、エジプトのアラビア馬の純血種（アシル）（真に砂漠の馬と呼べる馬）を世界中に普及させる役割を果たした。

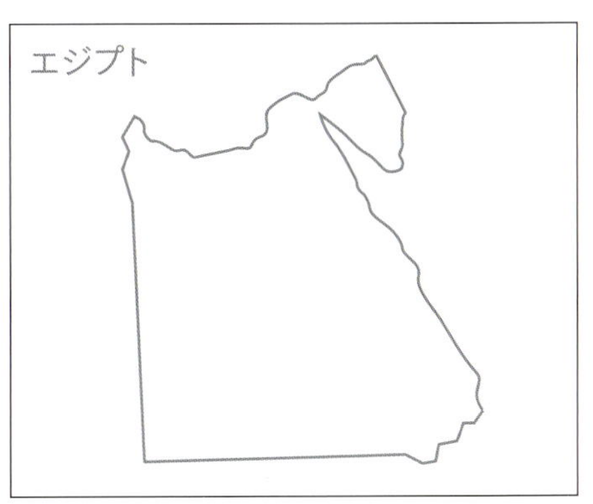

196　純血アラブ（PBA）は1,000年以上ものあいだ純血が保たれている品種であり、ほとんどすべての品種の誕生および改良に大きな影響を及ぼしてきた唯一の馬でもある

197　伝統的に、アシルの純血が保たれたのはムハンマドの命によるとされる。実際、ムハンマドはその教えのなかで、アシルの純血を保つための規則を定めている。以来、砂漠の民はそれを代々ずっと守ってきたのである

198-199　純血アラブが世界中で繁殖・飼育される国際的な品種になってからすでに久しい。ただし、現存するすべての血統のなかで、アシルとみなされるのはエジプシャン・アラビアンだけだ

199　アシルは何世紀にも及ぶイスラムの歴史や文化に育まれてきた。なかでも、ティボー・フォン・ペッコー=サントナーという1人のヨーロッパ人の功績は大きい。バボルナ繁殖牧場の牧場長を務めたあと、1949年からはエジプトの国立牧場、エル・ザッラーのマネージメントを担当した

ナイジェリア
カツィナ

ダーバ祭

ナイジェリア ■ カツィナ

ナイジェリアの多くの都市では毎年、ダーバ祭という祭りが催される。
いくつかの町では、それが観光の目玉になっている。

ナイジェリアは西アフリカで最も人口密度の高い国だ。この国ではしばしば、古くから伝わる奇抜で面白い地方祭りが催される。祭りの名目は、収穫や婚約から、新しい族長の就任、宗教的な儀式や祝祭、はては葬儀までと多岐にわたる。ありとあらゆる機会が、着飾ったり踊ったりするための口実に使われるのである。昔は部族の人々自ら踊ったものだが、今ではプロの踊り手集団が村をまわってこうした祭りを盛り上げていて、そのうちのいくつかは観光名物になっている。

そういった祭りのなかで最もよく知られているのは、ナイジェリアの諸都市で開かれるダーバ祭だ。これはラマダン（断食月）の終わりを祝うイスラム教の大きな祝祭、イード・アル=フィトルに合わせて行われる。年中行事としては最古のもののひとつで、起源は何世紀も前の、まだ北の国々で馬が合戦に使われていた時代までさかのぼる。当時、都市という都市、地区という地区、貴族という貴族が、自分たちの属する首長国（エミレイト）を防衛するため、独自の部隊を編成しなければならなかった。年に1度か2度、首長国の軍司令官がそうした部隊を招き、「ダーバ」と呼ばれる軍事パレードに参加させた。これは首長（アミール）とその重臣たちを讃えるための行事で、招かれた部隊は忠誠心を示し、兵士の練度と乗馬技術を披露するという趣向だった。現在のダーバ祭は、国家元首を讃えるために催される。

現代のダーバ祭のなかで、最も見ごたえがあるのはおそらく北部の町カツィナのダーバ祭だろう。ショーは祈りの朗誦ではじまり、その後、首長の住む宮殿の正面に設けられた広場で騎馬行列が行われる。最後に首長自身が側近たちとともに姿をあらわし、人々の賞賛を浴びる。

騎手たちはいくつかのグループに分かれ、馬を全力疾走させて広場を横切り、磨き上げられた剣の鞘を払って、首長からわずか数フィートの距離を駆け抜ける。やがて、首長の目の前でぴたりと馬をとめ、切っ先を上に向けて剣を掲げる敬礼を行う。騎馬行列のしんがりを務めるのは、「ドガリ」と呼ばれる誇り高い近衛連隊だ。儀式が終わると、首長と近衛兵たちは王宮に戻り、それを機に祝祭がはじまる。ブラスバンドの演奏と太鼓のリズムに合わせ、人々は伝統的な歌と踊りに身を任せるのである。

200-201　ダーバ祭はナイジェリアの諸都市で催される伝統的な乗馬祭りで、イード・アル=フィトルというイスラム教の祝祭に合わせて開かれる。近くの村々から馬に乗った人々がグループでやってくるのは、首長（アミール）に敬意を示すためだ

200　この祝祭の起源は、まだ馬が合戦に使われていた時代までさかのぼる。アフリカでは一般に、馬といえばバルブ馬か、バルブ馬とアラブ馬の混血が好まれる。そのような馬は砂漠の気候に強い耐性があり、優れた敏捷性がある

201　カノの町を練り歩くパレード。騎手たちは伝統的な衣装に身を包み、色鮮やかなターバンを巻いている

202-203 色とりどりの衣装と部族ごとに違う独自の馬飾りが、外国人観光客の喜ぶ特別な雰囲気を醸し出している

最も野生に近い馬

モンゴル■ホスタイ国立公園

モンゴルの馬、モウコノウマ（学名エクウス・プルツェワルスキー）は、
本当の意味での野生馬としては、おそらく現存する唯一の品種である。

馬といえば、どこまでも続く開けた原野を自由に駆けまわる野生動物を思い描く人がいまだに多い。しかし、現実はまったく違う。本当の意味で野生馬と呼べるのは、現在ではモンゴル原産のモウコノウマ（学名エクウス・プルツェワルスキー）だけだ。モウコノウマは数十年前に、本来の生息地から姿を消したが、今は広大な自然公園のなかで暮らしている。近年、動物行動学者による大規模なプロジェクトが始動した。それは、モウコノウマをもともとの自然環境に戻し、そこで再び繁殖させようという試みである。

モンゴルは決して気候の穏やかな住みやすい土地ではない。実際、広大無辺な草原地帯（ステップ）の気温は冬など－40℃ないし－50℃まで下がることさえあり、しかもそういう冬が10月から5月まで続くのである。けれどもモウコノウマは強くたくましい回復力の高い馬であり、故郷の厳しい自然環境に改めて適応するのにさして時間はかからなかった。現在、モウコノウマは主にモンゴル南西部のホスタイ国立公園で群れをつくって暮らしている。この公園は1993年に特別保護地域に指定され、モンゴルのシンボルともいうべきモウコノウマの再導入・再繁殖プロジェクトの舞台となった。

モウコノウマは非常に野生的で、世界で最も野生の度合いが高い動物種のひとつに数えられる。体高が124〜144cmと小柄であることから、馬よりもポニーと思われることが少なくない。

モウコノウマを特別な存在にしているのは、その被毛だ。まず耳は、先端の内側が黒い毛で縁取られている。そして鼻孔と唇は濃い灰色で、体はたいてい黄金色だが、個体によって色調はさまざまに異なる。また厳冬期には被毛の色が濃くなり、密度も増す。たてがみは短く、シマウマのように逆立っており、尾や四肢の下部同様、黒色をしている（モウコノウマとシマウマには、ほかにもいくつか共通の特徴がある）。

モウコノウマは野生動物であり、それゆえ完全に自由な状態に置かなければならない。実際、モウコノウマを捕獲すると、目の前の人間を恐れるあまり攻撃的になる。単純に、人に馴れておらず、相手を潜在的な捕食者とみなすからだ。モウコノウマは現在、「モウコノウマ保全保護基金」（FPPPH）にその管理が委ねられている。

204-205　モウコノウマは丈夫で抵抗力もあるため、冬場は気温が－40℃ないし－50℃まで下がるような、モンゴルの厳しい自然環境で生き延びることができた

モンゴル
ホスタイ国立公園

206　ずんぐりして小柄な（体高124〜144cm）モウコノウマは、馬よりもポニーと思われることが少なくない

207　モウコノウマの被毛は黄金色で、短く粗いたてがみは黒い。四肢の下部と尾も黒く、耳を縁取る毛の色もまた同様である。唇と鼻孔は濃い灰色をしている

208-209 野生動物であるモウコノウマは、群れをつくって自由奔放に生きている。保護対象種に指定されており、現在はモンゴルのホスタイ国立公園で暮らす

リタンの競馬祭

中華人民共和国 ■ リタン（理塘）

風光明媚な四川省西部のこの地は、
チベットの人々の風俗習慣に親しみ、彼らの馬と親しくなるための、
得がたい機会を提供してくれる。

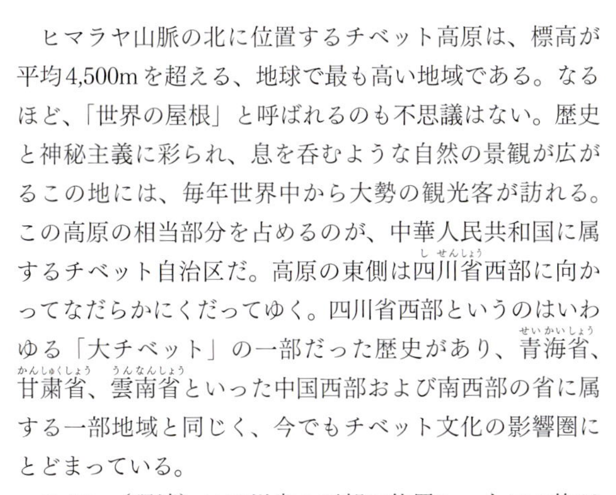

ヒマラヤ山脈の北に位置するチベット高原は、標高が平均4,500mを超える、地球で最も高い地域である。なるほど、「世界の屋根」と呼ばれるのも不思議はない。歴史と神秘主義に彩られ、息を呑むような自然の景観が広がるこの地には、毎年世界中から大勢の観光客が訪れる。この高原の相当部分を占めるのが、中華人民共和国に属するチベット自治区だ。高原の東側は四川省西部に向かってなだらかにくだってゆく。四川省西部というのはいわゆる「大チベット」の一部だった歴史があり、青海省、甘粛省、雲南省といった中国西部および南西部の省に属する一部地域と同じく、今でもチベット文化の影響圏にとどまっている。

リタン（理塘）は四川省の西部に位置し、人口の約80%をチベット系が占めるカンゼ・チベット族自治州の南西部にある。カム（チベット東部地方を指すチベット語）の小さな町だが、標高4,100mと世界屈指の高地である。何より、昔ながらの観光ルートから大きくはずれ、名の知られた人気スポットからも遠いものの、チベットの人々の日常生活に足を踏み入れ、世界でもまれな催しの数々を体験する得がたい機会を提供してくれる魅力的な場所のひとつといえる。

そういった機会のひとつが、チベットに数ある伝統的な祝祭のなかで最も規模が大きくかつ最も刺激的な、リタンの競馬祭だ。祭りは、雄大な風景によってなおいっそう見ごたえのあるものになる。広々とした泥炭草地、小さな野花とエーデルワイスが織りなす天然のカーペット、万年雪をいただく峰々、氷河が見られる。高い峠道からは、遊牧民のテントやヤク（チベットに生息する偶蹄目ウシ科の哺乳類）や馬の姿を目にすることができるだろう。また、古く趣きのある仏教寺院がひっそりと立っていて、毎日古来の伝統的儀式を営んでいる。競馬祭では、カムパ（カムの住人）の騎手（遊牧民の戦士）が、錦織りや刺繍、きらめく宝石などで飾られた豪華な衣装を身にまとい、騎馬術を披露する。彼らは伝統的な衣装に身を包んで整列するそれぞれの部隊を代表してレースに出走し、馬を乗りこなす腕前と踊りを競う。チベット・ポニーは身のこなしが軽快ですばしっこく、勇敢でもあるため、このレースの主役の座を譲らない。

馬に関する数々のイベントが人気を集める一方、この祭りでは郷土芸術や工芸品の展示と、特産品の見本市も行われる。祭りの開催時期は例年8月上旬の10日間で、季節としては夏に当たるものの、標高が高いせいで凍えるほど寒い。このあいだ、集まるチベット人の数は、遊牧民や僧侶や近隣の諸都市からやってくる見物客を含め、2万を超える。それを考えると、馬を見せることは人々が一堂に会する理由となり、また、宗教的祝祭を活気づける機会になるともいえる。

210-211 伝統的なチベットのシンボルが描かれたカラフルなテント。あちこちに立っていて、毎年催されるリタンの競馬祭と儀式を見物しにくる人々の多くが、泊まることができる

210（左） 毎年8月上旬の10日間、リタンで催される祝祭のために2万人を超えるチベット人が集まる。写真は、トラカール・ラスサ（“谷を見おろす聖なる白い石”の意）の周りをぐるぐると歩きまわる「コルラ」という儀式

210（右） この祭りは馬術ファンにとって重要なイベントであるだけでなく、写真の女性たちが着ているような、華やかな装飾を施した地域の伝統衣装を堪能できるまたとない機会でもある

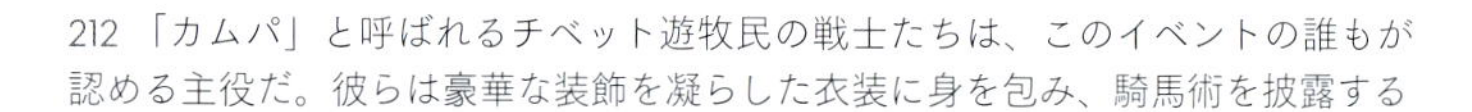

212 「カムパ」と呼ばれるチベット遊牧民の戦士たちは、このイベントの誰もが認める主役だ。彼らは豪華な装飾を凝らした衣装に身を包み、騎馬術を披露する

212-213 リタンの競馬祭は何よりもその独特な雰囲気と美しい風景で、この種の祝祭のなかではほかに例を見ないものとなっている。加えて色鮮やかな衣装と特徴的な馬飾りが、その独自性をいっそう高めている

214　カムパが乗る動物のなかで、特に重宝されているのがチベット・ポニーだ。身軽で速力があり、騎手が技を披露するあいだ、ぴったりと息の合った動きを見せる

214-215　雄大な景色が広がるリタン高原。イベントの参加者はそこで騎射と騎馬術の腕を競い合う

戦士の馬

インド ■ ラージャスターン州

かつてヒンドゥー戦士のパートナーであったマルワリ馬は、
今ではインド国家警察の「足」としてなくてはならない、
かけがえのない存在となっている。

ラージプーターナーはインド北西部を占める歴史的な地域である。吹きさらしの岩が目立つ、広大な砂地の真ん中に位置し、今のラージャスターン州とほぼ一致する。その名はクシャトリヤと呼ばれるヒンドゥー教の戦士階級のなかでも最も重要な集団のひとつ、ラージプート族に由来する。この地こそ、マルワリ馬の起源を伝説と歴史の狭間に見出すことができる場所である。マルワリという名称は、現在のラージャスターン州西部、ジョードプル県にあたるマールワールにちなむ。マルワリ馬は厳しい環境条件でも生きることができる。荒涼とした不毛の地でも渇きに耐え、食料が乏しかったりまったくなかったりしても、相当長いあいだ飢えをしのぐことができるのである。この馬が軍馬としての才能に恵まれていることがわかるまで、さほど時間はかからなかった。並はずれた方向感覚と、はるか遠くの物音さえ聞き逃さない高度に発達した聴力を持っていたからだろう。マルワリ馬は神獣とみなされ、人間、それも王族よりも優れた存在と考えられた。戦士階級の者しか乗ることが許されなかったのはそのためだ。戦いにおいては、勝敗に関わらず、乗り手と一心同体になった。インド文学はこの優れた軍馬に関する物語が非常に多い。負傷した戦士をマルワリ馬が安全な故郷に連れ帰った話は、数え切れないほどある。

マルワリ馬はがっしりとして引き締まった、優美で均整のとれた体つきで、特に四肢が細長い。長い肢のおかげで腹部が地面からかなり離れているため、砂漠を渡るときに暑熱を防ぎやすい。また、小さな蹄と肩甲骨の傾斜角度がややなだらかな肩は、砂地から蹄を引き抜くとき比較的力がいらず、長い距離を踏破する際にはエネルギーの節約になる。さらに、一般的な3つの歩様に加え、マルワリ馬には「レヴァール」と呼ばれる第4の歩様があり、これは長い距離を歩くのに適している。レヴァールの主な特徴は垂直方向の動きが最小限で済むところにあり、はたから見ていると、まるで馬が砂の上を滑っているような印象を受ける。マルワリ馬の体高は150〜160cmで、被毛は個体によって千差万別である。

マルワリ馬かそうでないかは、耳を見ればわかる。小さくよく動くのが特徴で、内向きに反っており、左右の先端が触れ合っていることも少なくない。これはどうやら、自分の馬を気品のある立派な見た目にしたい飼い主に、幼いころから耳をいじられているうちに、そういう癖がつくらしい。優雅な動きのおかげで、現代ではドレッサージュに使われ成功を収めている。また、器用さと機敏さにも恵まれているため、ポロ競技にも向いている。一方歩調がソフトなので、長距離のトレッキングのパートナーとしても理想的である。

マルワリ馬が戦場でみせる勇気は、ヒンドゥー戦士の功績を讃える古い叙事詩で多く語られている。また、その耐久力と優雅さは非常に優れている。こうした資質が買われ、今ではパンジャーブ警察、首都ニューデリーの警察、そして大統領警護隊（インド陸軍の精鋭を集めた近衛騎兵連隊で、インド共和国大統領を護衛する役割を担う）に採用されている。

216-217　衛兵交代式に臨むインド共和国大統領警護隊。奥に見えるのは、ニューデリーのラシュトラパティ・バワン（大統領官邸）

217　儀式のあいだ、大統領警護隊は隊列を組んで40分間、ラージパト通りを行進する（ラシュトラパティ・バワンから国防省までを往復する）

ラージャスターン州
インド

218　マルワリ馬の特徴は優美な曲線を描く頚と、細長い頭部だ。横顔は鋭角的で、（三日月形の）湾曲刀のような形の耳は小さく、左右の先端が重なるように内側に反りかえっている

218-219　大昔の騎馬戦闘において、マルワリ馬は並はずれた勇敢さと忠誠心を示した。傷を負った戦士が自分の馬に助けられたという逸話は、数え切れないほどだ

220-221 靄の立ちこめる早朝、馬の調教を行う大統領警護隊。公式行事の際、彼らは複雑な馬の演技を披露する

221 曲芸まがいのルーティーンを練習する大統領警護隊。こうした儀仗隊としての務め以外にも、彼らにはさまざまな役割がある。また、インド陸軍の精鋭部隊として、これまでさまざま戦場に派遣されてきた

メルボルンカップ・カーニバル

オーストラリア ■ メルボルン

オーストラリアの国民は毎年、
サラブレッド競馬に対する情熱を思い出し、
古い魅力に満ちたこの特別なイベントで賭けを楽しむ。

メルボルンでは1877年以来、毎年11月最初の火曜日が休日とされている。といっても、歴史上の記念日でもなければ、聖人を讃える祝日でもない。南半球最大の競馬レースのひとつ、メルボルンカップが開催されるからである。レース当日は、誰もかれもが、そして何もかもが（少なくとも数分間）ほかのことはそっちのけで、1861年創設のこの由緒正しいレースの行方を見守る。その日、レースが行われるフレミントン競馬場は社交行事の舞台となり、VIPのための特別観覧席が設けられ、グランドスタンドと一般席は、お祭り気分の観衆で満員になる。競馬場に足を運ばない人々も、例外なくラジオやテレビにかじりつき、パワフルなサラブレッドたちが2マイルの距離（3,200m）に挑みゴールするまでのあいだ、固唾をのむことになる。彼らが一心に願うのは、自分の予想が的中することだ。実際、賭けない者などいないほどで、これはアングロ＝サクソンの伝統かもしれない。もっとも、メルボルンカップ・カーニバルは単なる競馬の催しではない。それはある意味、毎年めぐってくる歴史との出会いといえるのである。オーストラリアは旧大陸から遠く離れているにも関わらず、レース当日はまるでそうした隔たりが消えたかのように、サラブレッド競馬の歴史が再びひとつに塗り重ねられるようだ。実際、イギリスのサラブレッドは遠くオーストラリアにまで伝わり、競馬と賭けごとに対する情熱をも一緒に持ち込んだ。この情熱はやがて馬をめぐる世界の現実となり、国際的なターフシーンできわめて重視されるに至っている。メルボルンカップは1861年11月7日、ヴィクトリア・レーシング・クラブの主催により、フレミントン競馬場で開催されたのがはじまりである。今や、3歳以上の馬が3,200mの距離を走るハンディキャップ競走としては、世界で最も重要なレースである。ハンディキャップ競走、つまり出走馬がその実績に応じた負担重量を課せられる方式が採用されたのは、レースの結果を極力不確かにするためだ。本命馬がほとんど勝ったことがないのは、おそらくそれが理由だろう。メルボルンカップは非常に難しいレースで、それは記録が証明している。1世紀以上ものあいだ、メルボルンカップを2度制した馬はアーチャー（1861年と1862年）とピーターパン（1932年と1934年）の2頭しかいなかった。この"2勝クラブ"に新たに2頭が加わったのは、近年になってからだ（1968年、1969年と連覇したレインラヴァー

222　メルボルンカップの開催日、競馬場のスタンドは観客で満員になる。ただしオーストラリア人の心をつかんで離さないのは、競馬に対する情熱というよりは、むしろ賭けごとに対する情熱である

223　フレミントン競馬場のトラックでは、世界の多くの名馬が競ってきた。ここで行われるメルボルンカップは、世界で有名なターフイベントのひとつに数えられる。また、全国民の注目を集める、世界でも数少ない競馬レースのひとつでもある

と1974年、1975年と連覇したシンクビッグ)。また、過去にこのレースを3度(2003年、2004年、2005年)制した馬にはマカイビーディーヴァがいる。当初、優勝賞金に加えて豪華な金時計が贈られていたが、1919年からハンドメイドの金のトロフィーに代わっている。その結果、この世界クラスのイベントが、ユニークな魅力で大きなスポンサーを惹きつけるようになった。2004年からエミレーツ航空がメインスポンサーとなり、賞金総額は最高水準の600万豪ドル(2010年当時)に達した(監注:2018年からはトヨタ自動車がメインスポンサーとなり、賞金総額は730万豪ドルとなっている)。ただ、150年(2010年当時)という長い歴史のなかで培われた、メルボルンカップ・カーニバルならではの魅力は、少しも変わっていない。

224 2010年メルボルンカップ優勝馬アメリケイン。マカイビーディーヴァはこのレースを3回制している。2度優勝した馬はほかに4頭いるが、3度勝った馬はマカイビーディーヴァだけである

224-225　メルボルンカップは“ハンディキャップ”競走で、最後の最後まで結果がわからないレースだ。この3,200mのレーストラックで本命馬がほとんど勝てないのは、単なる偶然ではない

226　メルボルンカップの優勝者には以前金時計が贈られていたが、のちに金のトロフィーに代わった。もっとも、スポンサーのおかげで、賞金総額は今や600万豪ドルを超える（2010年当時）

227　メルボルンカップに出走できるのは3歳以上のサラブレッドに限られる。世界中から集まるこれら卓越した競走馬たちは、今年（2010年当時）で150年を迎えたこのレースの主役である

Jayco

真紅の誉れ

カナダ

王立カナダ騎馬警察（RCMP）の歴史は、
多くの英雄譚で彩られている。

カナダをよく知らない人でも、名高い“マウンティーズ”のことなら聞いたことがあるだろう。実際、この輝かしい騎馬警官隊の波乱に富んだ歴史と英雄的事績は、たびたび文芸作品や映画で取り上げられてきた。おかげで彼らの存在は世界に知れ渡り、レッド・コート（「真紅の制服」の意でRCMPの通称）といえばカナダのシンボルのひとつになっている。もっとも、カナダ人にとって、“マウンティーズ”は単にシンボルという言葉で済ませられる存在では到底ない。なぜなら、彼らは1世紀以上にわたって法と秩序を体現し、どんな状況でもその信頼性は揺るがなかったからだ。

レッド・コートの歴史は1873年までさかのぼる。カナダの人口のほぼすべてがまだ大西洋岸に集中していた時代である。それ以外の地域（五大湖から西部の大草原（プレーリー）を挟み、ロッキー山脈へと続くエリア）にあえて分け入ったのは、バッファロー猟師の集団か不届きな密輸商の一味か、いずれにしろごくわずかだった。そういった連中はいわゆる“交易所”を構え、アメリカ先住民にアルコールを売りつけた。弱肉強食の掟しか存在しない無法地帯だった。そういうところに法と秩序を打ち立てるため、カナダ政府は西部に派遣する騎馬警官隊の創設を決断する。こうして1873年5月23日、318人の隊員を募って北西騎馬警察が発足した。制服はイギリス陸軍に倣って赤い上着（チュニック）が採用された。

創設間もないレッド・コートがまず行ったことは、自分たちに任された管轄地への移動だが、それはすでに英雄的事績と呼ぶにふさわしいものだった。長い行軍に馬も乗り手も疲労困憊し、3分の2近くの隊員が途中で落馬したという。それでも、なんとか長旅を成功させたレッド・コートは、広大な管轄区域を分割し、それぞれに支部を設けた。支部は、混ぜものをしたウィスキーの取引を撲滅するのに役立った。こうした粗悪なウィスキーは、先住民のブラックフット族とアシニボイン族を破滅の瀬戸際まで追い込んでいたのである。司法行政を確立したことで、レッド・コートは先住民の指導者たちの尊敬を勝ち取ることができた。彼らはそうした指導者たちと合意を形成し、長大なカナダ横断鉄道敷設のための諸条件を整え、人口の流入を促した。これにより、大西洋沿岸部から内陸への人の移動がはじまった。そういった節目節目で、北西騎馬警察はいわば保証人として公平中立的な役割を果たした。シッティング・ブル率いるスー族が隣国アメリカからやってきたときも、ユーコン地区がゴールドラッシュに沸き狂騒状態を呈したときも、それは変わらなかった。そうした究極の献身ぶりが評価され、1904年、イギリス国王エドワード7世から勅許（ちょっきょ）を賜っている。1919年7月、王立北西騎馬警察の活動範囲はカナダ全域に拡張され、1920年2月1日、王立カナダ騎馬警察を創設する法律が発効した。

その後、輸送手段としての馬は徐々に機械に取って代わられたが、王立カナダ騎馬警察は式典での務めに備えて騎馬隊を維持し、赤い上着（チュニック）とつば広の帽子という伝統的な制服も変えなかった。今でも、「ミュージカル・ライド」と呼ばれる36人の騎手によるパフォーマンスは、いつの時代も変わらないレッド・コートの魅力を伝えている。

228-229　王立カナダ騎馬警察の前身である北西騎馬警察は、1873年、パトリック・ロバートソン=ロス大佐の主導で、カナダ西部の大草原（プレーリー）を管轄する目的で創設された。基本的には文民警察だが、第一次世界大戦では多くの隊員が志願兵として出征した

229　“マウンティーズ”の愛称で知られるレッド・コートは、いつの時代もカナダ国民の誇りであり、メイプルリーフ（カエデの葉）同様、カナダという国を象徴する存在のひとつである

カナダ

230（上）世界中に知れ渡り、高い評価を得ている馬術ショー「ミュージカル・ライド」では、旗手たちの技量とハイレベルな訓練が披露される。彼らがルーティーンを演じているあいだ、赤い制服が劇的な効果を生み出す

230（下） 創設時に選ばれた上着の色は、イギリス陸軍の多くの部隊で採用されていた伝統的な制服に倣ったものだ。マウンティーズが「レッド・コート」とも呼ばれるのは、この色にちなむ

230-231 この警察隊に所属する36人の騎馬警官は、式典での務めに加え、ミュージカル・ライドでも演技を披露する

カナダ

アメリカ合衆国

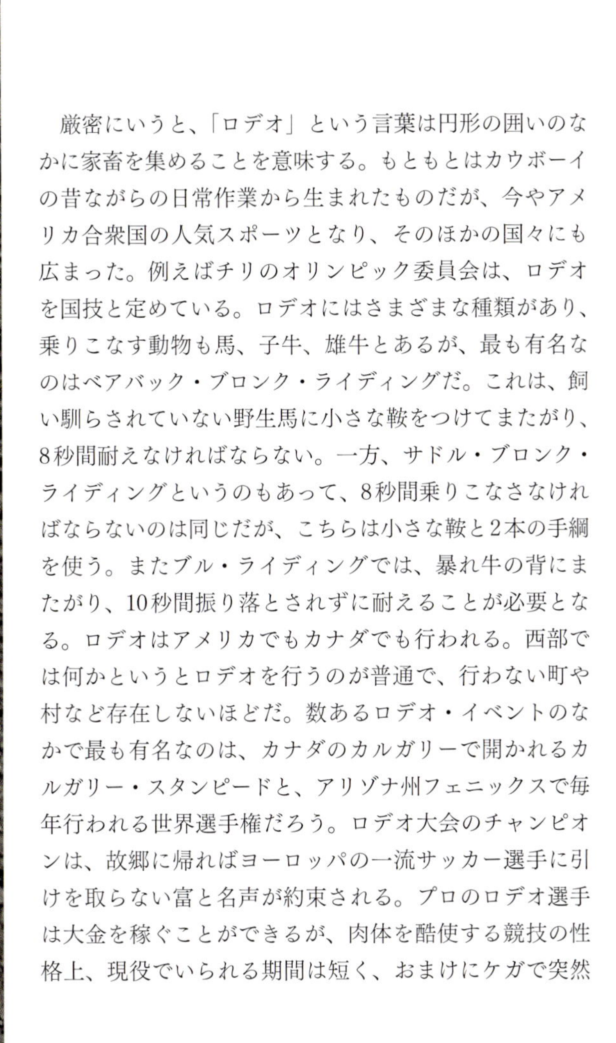

ロデオ

カナダ、アメリカ

ロデオはもともと、アメリカ極西部（ロッキー山脈以西）の、
家畜の世話をする労働環境で生まれた。それが歳月とともに広まり、
今や北アメリカ大陸で非常に人気の高いスポーツとなっている。

厳密にいうと、「ロデオ」という言葉は円形の囲いのなかに家畜を集めることを意味する。もともとはカウボーイの昔ながらの日常作業から生まれたものだが、今やアメリカ合衆国の人気スポーツとなり、そのほかの国々にも広まった。例えばチリのオリンピック委員会は、ロデオを国技と定めている。ロデオにはさまざまな種類があり、乗りこなす動物も馬、子牛、雄牛とあるが、最も有名なのはベアバック・ブロンク・ライディングだ。これは、飼い馴らされていない野生馬に小さな鞍をつけてまたがり、8秒間耐えなければならない。一方、サドル・ブロンク・ライディングというのもあって、8秒間乗りこなさなければならないのは同じだが、こちらは小さな鞍と2本の手綱を使う。またブル・ライディングでは、暴れ牛の背にまたがり、10秒間振り落とされずに耐えることが必要となる。ロデオはアメリカでもカナダでも行われる。西部では何かというとロデオを行うのが普通で、行わない町や村など存在しないほどだ。数あるロデオ・イベントのなかで最も有名なのは、カナダのカルガリーで開かれるカルガリー・スタンピードと、アリゾナ州フェニックスで毎年行われる世界選手権だろう。ロデオ大会のチャンピオンは、故郷に帰ればヨーロッパの一流サッカー選手に引けを取らない富と名声が約束される。プロのロデオ選手は大金を稼ぐことができるが、肉体を酷使する競技の性格上、現役でいられる期間は短く、おまけにケガで突然引退を余儀なくされるリスクもある。実際のところ、落馬して馬に踏みつけられる危険性はきわめて高い。

毎年6月、現代における開拓時代の西部（ワイルド・ウェスト）のカウボーイたちが、古き良き時代の輝かしい瞬間を蘇らせる素晴らしいイベントが開催される。カナダのカルガリー・スタンピードである。大きな牧場がひしめく一帯の中心に位置し、アメリカとの国境からも遠くないこの都市は、ロデオ・イベントを行うには理想的な立地といえる。一方、ワイオミング州のサーモポリスでは、ウエスタン乗馬のファンが9月の訪れを待ちわびる。馬が主役となる人気のフェスティバル「ランチ・デイズ」が催されるからだ。また、カリフォルニア州のビショップでは、毎年5月少し変わったロデオ・イベントが開かれる。なんとラバが花形になるロデオ大会であり、数日間だけだが、この町は“ラバの都”と化す。ラバたちは専用の競技に加え、馬と同じ競技でも観客を沸かせる。なお、特にバレル・レース（立てた樽やドラム缶の周りを走る速さを競うレース）などでは、女性騎手のための特別な形式も用意されている。

232-233　ロデオは昔ながらのカウボーイの日々の仕事から生まれた。現在はアメリカで大人気のスポーツであり、アメリカ以外の多くの国々にも普及している

233　ベアバック・ブロンク・ライディングは飼い馴らされていない野生馬に小さな鞍をつけてまたがり、8秒間耐える競技である。写真はこれに失敗し、まさに振り落とされる瞬間をとらえた一枚

234-235　馬の頚に巻きつけられた伝統的な投げ縄をカウボーイは片手でつかみ、馬の背から振り落とされまいとする

235　本番直前、馬と乗り手はこのような囲いのなかに入れられる。扉が開くやいなや、馬はロデオ・リングに入り、チャレンジがスタートする

236-237　ロデオ・カウボーイは落馬し、逃げる馬に踏みつけられる危険と常に背中合わせだ。実際、プロ選手の多くがケガと肉体酷使のせいで現役引退を余儀なくされる

アメリカのシンボル

アメリカ合衆国

北アメリカ史の礎をなし、
合衆国の国家遺産の一部であるムスタング。
しかし今、彼らは絶滅の危機に瀕している。

ムスタングはアメリカ合衆国のシンボルともいうべき野生馬で、開拓者の精神を体現する存在である。自由、独立、誇り、勇気といった、この偉大な国の歴史をつむいできたさまざまな要素の象徴であり、いつの時代もアメリカ人の暮らしに欠くことのできない一部だった。にも関わらず、ムスタングは今、絶滅の危機に瀕している。なぜなら、草原地帯で大きな群れをつくって暮らす彼らが、アメリカの経済発展を妨げかねないとみなされているからだ。

ムスタングは、アメリカの領土に存在するすべてのアメリカ原産馬の始祖である。16世紀、スペインのコンキスタドール（征服者）たちとともにアラブ馬とバルブ馬が持ち込まれたのがそもそものはじまりだ。アラブ馬、バルブ馬とともに、ポルトガル原産のポニーのソライアも連れてこられた。そういったウマ科の動物たちは、ひとたびカリブ海域の島々に上陸すると急速に増え、拡散をはじめる。その後、布教にやってきた宣教師たちが馬の繁殖・飼養にも熱心だったため、彼らは本格的な群れをなして生息するようになった。もともとそこに住んでいたアメリカ先住民は、すぐに馬に馴染み、馬が彼らの生活と暮らしになくてはならないパートナーとなるまで長くはかからなかった。ヨーロッパから来た入植者たちは土地を奪い取るため、アメリカ先住民を排除しようとした。その過程で多くの馬が捕獲され、大きな群れは散り散りになった。捕獲を免れた馬は繁殖し、その結果として野生のムスタングが生まれる。この国の英雄ともいうべき品種である。1900年、アメリカには約200万頭の馬が生息していたが、今や自由に歩きまわっているムスタングの数は3万に満たない。不幸なことに、その3万頭ですら数を減らそうという容赦のない時代の波に流されている。間引きの理由は主に、大きな群れがいると家畜用の牧草が減ってしまうからだ。家畜の繁殖・飼養はアメリカ経済に重要な貢献をしているのだから無理もない。連邦政府土地管理局（BLM）が創設されたのもそのためだ。野生馬の数をコントロールし、増えすぎることがないよう目を光らすとともに、種を保護するのが仕事である。ムスタングは少なくとも6つの州から姿を消し、今ではその大半がネヴァダ州で暮らす。彼らがこれまで生き延びることができたのは、その頑丈な体つきと、粘り強さ、耐久力、そして優れた知性のおかげである。速力と敏捷性を併せ持つムスタングは、単に逃げ足が速いというだけでなく、どんなに足場の悪い土地でも踏破が可能なうえ、いかなる困難に見舞われようが敢然とそれに立ち向かうことができるのである。

238 勇敢で足の速いムスタングは、アメリカ先住民の伝説的な諸部族にとって、狩りや戦の申し分のないパートナーとなった。写真はワイオミングに広がる赤い砂漠をのびのびと駆ける2頭

239 アメリカ西部の歴史の主役は馬である。野生のムスタングはアメリカに点在する広大な自然保護区の主だった。写真はワイオミング州のマックロウ・ピークスに生息するたくましい牡馬

240-241 そもそもの出自が波乱に富んでいたうえ、その後多くの交雑を重ねてきたため、ムスタングの被毛には多くの種類があり、それらが混じり合った被毛さえ存在する。この川原毛などは、最も見分けがつきやすいもののひとつだ

241 ムスタングにはさまざまな品種の血が混じり合っており、それは被毛の多種多様さにあらわれている。この子連れの牝馬のようなまだらの被毛は、最もよく見られる

242　ムスタングは誇り高い野生馬だ。自分の身は自分で守り、生き延びるためには戦うことも厭わない。縄張りでは誰にも従わず、大自然のなかで子を産み育てる。群れは彼らの避難所であり盾でもある

242-243　馬は肉食獣の餌食にされる恐れのある被捕食動物だ。そのため、人に飼い馴らされていない野生馬は群れのなかで厳格な順位を維持し、交代で周囲を警戒する。牡馬同士が群れのリーダーの座をめぐって争うこともある

244-245　クォーター・ホースは驚くべきバランス感覚と敏捷性を備えている。こうした資質は有名なカウセンス（家畜の動きを予測できる、生来の強い感受性）と相まって、この馬を優れた使役馬にしている

245　この品種の馬はとても頑丈にできている。回復力に優れているため、どんなに厳しい気候にも影響されず、いつ終わるとも知れない重労働の日々にもよく耐えることができる

西部から世界へ

アメリカ合衆国

典型的なアメリカ産馬であるクォーター・ホースは、
世界で最も人気のある品種となった。

クォーター・ホースが最も有名なアメリカ産馬であることは間違いない。アメリカ先住民、北部諸州の騎兵隊、何日も続けて家畜を追う粗野なカウボーイ、入植者、金の採掘人、非情な拳銃使い、こういった人々の活躍を通じて西部の開拓を描き出した数々の映画が、たくましく勇敢なこの品種の記憶を後世に伝えてきた。

大草原(プレーリー)でのそうした日々も今は昔、その後クォーター・ホースは世界を席巻し、最も個体数が多く、最も広く普及した品種となった。この卓越した馬は、北アメリカ大陸の草原地帯で暮らす野生馬、ムスタングの直系の子孫にあたる。そのムスタングは、16世紀にスペインのコンキスタドール（征服者）が新世界に連れてきた馬のうち、逃げ出して野生化した個体の末裔だ。ムスタングを初めて捕獲したのはアメリカ先住民で、それまで荷役用の動物には犬を使っていた彼らにとって、馬が欠かせない存在となるのに長くはかからなかった。特にアメリカ南東部（今のミシシッピ、アラバマ、テネシーの各州に相当する地域）のチカソー族は、体格が同じような馬を殖やすことに熱心で、筋肉質でひきしまった体つきと驚異的なバランス感覚、敏捷性、および速力に恵まれた馬を生産した。こうした馬は、入植者のあいだで大いに珍重された。

チカソーホース（当初はそう呼ばれていた）は、はじめのうち、田畑での運搬に使われていた。勇敢かつ働きもので、穏やかなうえ、たくましく敏捷なこの馬の資質が、存分に生かせる場だった。ところが、カロライナとヴァージニアに入植したアングロ=サクソン系の人々が、18世紀末になると日曜競馬(サンデー・レース)をはじめる。これは、綿花プランテーションやタバコ畑を取り巻く土の道、あるいは集落の目抜き通りを使って行う競馬だった。より開催頻度の高かった後者の走行距離は4分の1マイル（約400m）と短く、出走するのはほかでもない、普段農作業に使われている馬たちだった。チカソーホースは瞬発力に優れ、短い距離を猛然と駆け抜けることができた。スプリンターとして最高であることがわかると、やがて彼らはクォーター・レーサー（4分の1マイルを走る競走馬）やクォーター・マイラー、あるいはクォーター・ラニング・ホースの名で知られるようになる。日曜競馬は別として、その後もクォーター・ホースは運搬の主要手段および使役動物としての地位を維持し続けた。

時には鞍をつけられ、時には馬車につながれ、クォーター・ホースは西部に向かう開拓者に付き従った。19世紀初頭、彼らは家畜の群れを率いて長い旅をするカウボーイたちの、欠かせないパートナーになる。それというのも、この馬には家畜を追う驚くべき才能が備わっていたからだ。「カウセンス」と呼ばれるこうした能力は、今なおクォーター・ホースの特徴として残っている。一方、

牧場主や農場主は強くたくましい馬を手に入れるため、ブリーディングにさらに力を入れた。彼らが欲しいのは、体高がほど良く、敏捷かつ均整が取れていて、速力にも恵まれ、何より厳しい気候と重労働に耐えられる馬だった。少しずつではあるが、ブリーダーたちはルールを確立すること、またブリーディングのプロセスを標準化すること、そして何より馬の血統をきちんと認証することの必要性に気づいてゆく。血統の記録については、当時はまだ口頭で伝えられるだけだった。

1940年、テキサス州において、この品種は正式にクォーター・ホースと命名され、アメリカン・クォーター・ホース協会（AQHA）が発足した。最初の公式展示会が開かれたのは、アマチュア・ロデオ大会「テキサス・カウボーイ親睦会」が開催中のスタンフォードでのことだった。以来、アメリカ西部生まれのこの馬は国際的な知名度を得て、世界中で最も人気の高い品種のひとつとなった。1940年には200頭前後だった血統書の登録数も、今では3万頭を超えている。現在、クォーター・ホースの主たる活躍の場は、ウエスタン乗馬と呼ばれるようになった競技をはじめとする各種スポーツである。抵抗力と信頼性に恵まれたクォーター・ホースは、レイニング、カッティング、ショーマンシップ、ウエスタンホースマンシップ、ウエスタンプレジャー、トレイル、ウエスタンライディング、バレルレーシング、ポールベンディングといった種目からなるウエスタン乗馬において傑出している。農場で働いていた祖先同様、現代のクォーター・ホースも多芸多才な馬なのである。全種目でみごとな演技を披露できる最高のクォーター・ホースに与えられるオールラウンダー（万能選手）賞がブリーダーの憧れなのは、偶然ではない。

246-247　秋、ワイオミングの悪地（バッドランズ）で馬の群れを統率するカウガール。後ろには岩がちでゴツゴツとした、荒涼たる景色が広がる

248 フレーメン反応は独特な匂いを嗅いだときに馬が示す典型的な仕草だ。頭をもたげ、頚を伸ばして唇を吊り上げたその様子は、笑っているようにも顔をしかめているようにも見える

249 川原毛の子馬。このタイプはアメリカのブリーダーから珍重されている。四肢とたてがみと尾は黒く、何より、背中を走る1本の黒い線、いわゆる鰻線（まんせん）を特徴とする

250-251　クォーター・ホースは穏やかだがエネルギッシュで活発な馬だ。それは、脇腹の白い縦じまが特徴的なこの栗毛の牡馬が見せている、ロデオのような乗り手を振り落とそうとする急激な動きからもわかる

251　クォーター・ホースはパワーとスピードを支える筋肉がよく発達している。目の覚めるように美しい馬で、おまけに人懐っこくもある

252-253 アパルーサの魅力といえば、なんといっても斑模様の被毛だ。アパルーサという名前はネズ・パース族が住んでいた地域をほかの地域と隔てるパルース川に由来する。最初「パルース・ホース」と呼ばれていたのが、やがて「アパルーサ・ホース」に変わったのである

北アメリカの斑毛（まだらげ）

アメリカ合衆国

このすばらしい斑模様の馬は、
アメリカ先住民のひとつ、ネズ・パース族が生み出した。

アパルーサの歴史は、ある人々の集団の手で記録された。北アメリカ原産のこの斑模様の馬は、アメリカ先住民のひとつ、誇り高いネズ・パース族（ネズ・パースは「穴をあけた鼻」の意味）の熱心な品種改良の成果なのである。ネズ・パース族とアパルーサの祖先が出会ったのは、おそらくスペインのコンキスタドール（征服者）が馬を連れてアメリカ大陸にやってきたときだろう。

実際には、先住民にとって馬は未知の動物だった。犬以外に比較できる動物も知らなかったため、彼らは馬を「大きな犬」と呼んだ。馬との出会いによってこうした人々の生き方が一変する。先住民と馬はともにグレート・プレーンズ（北アメリカ大陸の中西部に広がる大平原）をくまなく旅し、アメリカ先住民の諸部族を紛れもない伝説に変える歴史を刻んでいった。彼らを主人公にしたアメリカ映画の大作では、インディアンたちが馬を駆る姿が描かれる。それも、かろうじて1頭だけ通れるような狭い道を、すばやく着実に進んでゆくのだ。人馬は急斜面、川の堤、切り立った山肌を駆けおりる。一歩でも踏み違えたら、それが命取りになるような場所だが、馬はためらいを見せない。「鹿ぐらいの大きさの、草を食べる」この動物のおかげで、先住民はキャンプをたやすく移動できるようになった。馬という動物の速力と敏捷性はまた、ネズ・パース族を熟練のハンターに変えた。19世紀初頭、彼らはすでに大陸で最大の馬群を擁しており、アメリカ先住民のなかで、選択的繁殖による品種改良を行っていた唯一の部族だった。

狩りと自由な移動を可能にしてくれるアパルーサは、先住民にとって誇りと富の源だった。おまけに馬は、交易の役にも立ってくれた。もっとも、アパルーサという呼び名は白人がつくったものだ。ネズ・パース族の住む地域がパルース川によってほかの地域と隔てられていたことから、この部族の馬は「パルース・ホース」と呼ばれ、それが「パルーシー」、次いで「アパルーシー」と変化して、最終的に「アパルーサ」に落ち着いたのである。

探検家メリウェザー・ルイスは1806年2月15日の日記に次のように書いている。「見たところ、彼らの馬は優れた品種のようだ。風格のある優美な体つき。活発かつ丈夫で（中略）イギリス産の駿馬（しゅんめ）を思わせる個体も多い。斑毛もいて、大きな白い斑紋と黒（青毛）や茶（青鹿毛）といった暗色が入り混じった被毛をしている。もっとも、大半は単色で、顔と四肢に模様があるのみだ。姿かたちと毛色もそうだが、素早さとスタミナは我が故郷ヴァージニアで最高の良血馬に似ている」

現在、アパルーサの最大にして最も魅力的な特徴は、斑の被毛である。いわゆる無地（ソリッド）の被毛や斑紋のない被毛もあるが、今やその割合はわずかしかない。アパルーサ・ホース・クラブ（ApHC、1938年にアイダホ州で創設）は被毛の色13種類と斑紋のタイプ5種類を認定している。

形態学的にみると、現在のアパルーサは主として、同じアメリカ原産馬であるクォーター・ホースとの交雑の結果生まれたということがいえる。外見だけでなく、アパルーサとクォーター・ホースは御しやすく協力的な性質も共通している。今ではアパルーサはアメリカ式乗馬（＝ウエスタン乗馬）のすべての種目で主役を演じるほどだが、肢さばきの確かさと信頼性の高さから、外乗やトレッキングのパートナーとしても優れている。運動能力の高さは言うに及ばず、この馬を特別にしているのはその多芸多才ぶりと信頼性の高さだ。アパルーサはすべての季節に対応できる「オールラウンダー（万能選手）」なのである。

254 アパルーサは同じアメリカ原産馬のクォーター・ホースと共通する柔和で御しやすい性質のおかげで、ウエスタン乗馬のすべての種目で活躍しているだけでなく、外乗やトレッキングでも優れたパートナーになる

255 アパルーサ・ホース・クラブは被毛の色13種類と斑紋のタイプ5種類を認定している。大きな白い斑紋と黒（青毛）や茶（青鹿毛）が入り混じった個体もいるが、全体が無地で、顔に斑紋があり、四肢の下部だけ色が違う馬が大半を占める

黄金色の馬

アメリカ合衆国

パロミノ・ホースの被毛は太陽の色を映し出し、
あたかも新しい金貨のように光り輝く。

厳密にいうと、パロミノ・ホースは馬の品種ではなく、アメリカ原産馬に特によく見られる毛色を指す。パロミノ・ホースは光沢のある金色の被毛に覆われ、まるでできあがったばかりの真新しい硬貨のような輝きを放つ。たてがみと尻尾の毛は銀白色、肌は暗色で、目の色も暗い。これらは、パロミノ・ホースに固有の特徴である。実際のところ、この魅力的な馬を定義する品種基準は存在しない。被毛のタイプだけが明確に定義されていて、そうした被毛は、例えば、クォーター・ホースおよびアメリカ産の乗用馬の品種すべてに見られる。黄金色の馬たちはその昔、スペインのコンキスタドール（征服者）とともにアメリカに渡ってきた。多くは人間から逃れて野生生活を営み、交雑を繰り返して繁殖、アメリカ原産とされるさまざまな品種を生み出した。黄金色の被毛に魅せられたカウボーイたちは、この馬の毛色を「太陽の色」と呼んだ。やがて彼らは最も美しい個体を選別するようになり、パロミノ・ホースの選択的繁殖をはじめる。こうして、本来の品種のように姿かたちや性質の特徴は一切なく、単に被毛によって識別される馬、パロミノ・ホースが生まれた。

パロミノ・ホース発祥の地がアメリカ合衆国とされるのは、そうした経緯があったからだ。1936年には全米パロミノ・ホース協会が発足した。現在の協会はパロミノ・ホースが独自の品種として認定されることを目指している。パロミノ・ホースの体つきに関しては、クォーター・ホースをはじめとする典型的なアメリカ産乗用馬のそれが、アメリカでは最もよく見受けられる。性質は御しやすく、物静かで、体は丈夫で、体高は約155cm、体重は550kg前後である。黄金色の被毛は単色でなければならず、白い斑紋があっても認められるのは顔と四肢の下部だけだ。パロミノ・ホースは平衡感覚に優れ、協力的な、良い乗用馬であるだけでなく、その明るい色の被毛のおかげで非常に美しい。イギリスでは、このタイプの被毛は、子供が乗るのに適した頑丈なポニーで特に需要が高い。ちなみに、苦労して選択的繁殖を重ねてきたにも関わらず、パロミノ・ホース同士を交配させた際、必ずしもパロミノ・ホースが生まれるとは限らない。品種基準を定義することができないのは、それが理由だ。

つややかで流れるようなたてがみと尾毛のおかげで、パロミノ・ホースは大いに珍重されている。彼らがその魅力をいかんなく発揮するのは、ホース・ショーとウエスタン乗馬のさまざまな種目においてである。特にウエスタンプレジャーでは入念なグルーミングと馬装を施されて登場し、その優雅さがいっそう際立つ。

257 パロミノ・ホースがこれほどまでに成功したのは、黄金色に輝くその被毛のおかげだった。アメリカのカウボーイは際立って美しい個体同士を交配させ、この毛色の馬のブリーディングに弾みをつけた

258-259　生来の優雅さに、互いに調和の取れた諸種の特徴、流れるようなたてがみと尾毛、そして明るい毛色とが相まって、この馬はウエスタン乗馬のフェスティバルや競技会で引っ張りだこになっている

259　大きさも形もさまざまな白い斑紋は、顔と四肢の下部に限り、あっても良いとされる。見た目の美しさとおとなしく御しやすい性質のおかげで、パロミノ・ホースは大人でも子供でも乗れるすばらしい乗用馬になる

アメリカ合衆国

不朽の伝説

アメリカ合衆国

ペイントホースの斑紋は、色も形も大きさもさまざまだ。
それがこの馬を唯一無二の存在にしている。

ペイントホース（駁毛(ぶちげ)）は、国際的なベストセラーになり、さらには映画化されて人々の記憶に焼きついたような不朽の伝説や永遠に語り継がれる物語で重要な役割を演じている。まさしく西部開拓時代(オールド・ウエスト)の物語から抜け出してきた魅惑の動物であり、その時代に生きた人々の歴史の、誰もが認める主人公でもある。ペイントホースの起源は1519年、スペインの探検家エルナン・コルテスが富と名声を求め、海を渡ってアメリカ大陸にやってきたときにさかのぼる。コルテスは新世界を旅する部下たちの助けになればと、馬を一緒に連れてきていた。そうした馬のなかに栗色と白の斑紋を持つ1頭がおり、それがアメリカ在来種のムスタングと交配された。その結果生まれたのが、今や全世界で知られているアメリカン・ペイントホースである。時代は変わり19世紀初頭、西部の平原は馬の群れであふれていた。オリジナルでユニークな駁毛の馬たちも、そこで栄えた。そして、ほかでもないその斑紋の色と使役動物としての使い勝手の良さから、この人目を惹く特別な馬はアメリカ先住民が好んでまたがる動物となる。特にコマンチ族はこの馬に入れ込み、ほどなく自らブリーディングをはじめる。ペイントホースは今や世界で屈指の人気を誇る品種となった。

力強く、丈夫で、脚も速いことから、ペイントホースはアメリカの牧場で仕事仲間として重宝されている。家畜の扱いに長け、勤勉で、心も広い。実際、調教が容易なうえ、御しやすく、知的でもあり、何でもそつなくこなす能力がある。4分の1マイルならサラブレッドよりも速く駆け抜けることができ、その瞬発力をスラロームレース（ポールのあいだを縫って走るポールベンディングや、樽のあいだを縫って走るバレルレーシング）でいかんなく発揮している。また、ロデオ大会で若牛と一緒に出場する競技（カッティング、チームペニング、ローピング、ワーキングカウホース）でも活躍し、さらにはレイニングでも他の追随を許さない。一方、その優美な佇まいと気品のある物腰は、ウエスタンプレジャーの競技大会に向いている。要するに、ウエスタン乗馬においてはペイントホースが秀でていない種目など存在しないということだ。

ペイントホースを唯一無二の存在にしているのは、その斑紋にほかならない。原毛色（基本となる毛色）こそほかの品種と変わらないが、斑紋の色と形の多様さは、この馬ならではのものだ。全米ペイントホース協会（APHA）は、こうした斑紋のあらわれ方をトビアノ、オベロ、トベロの3つに分類している。それぞれ特徴があり、ほかの2つとは明確に区別がつく。

260-261 ペイントホースの被毛には、白とその他の毛色（青鹿毛、青毛、鹿毛、葦毛など）の組み合わせが、考えられるあらゆるパターンで発現する

260 この多種多様な被毛と斑紋は、大まかにトビアノ、オベロ、トベロの3つに分類される。トベロはトビアノとオベロの交雑種である

261 ペイントホースは御しやすく優しい性質で、調教がたやすい。勤勉で心も広く、知能が高いため、どんな用途にも適している

262 鮮やかな斑紋による美しい外見。働き者であるという事実。この2つによって、ペイントホースは馬の選択的繁殖に熟達していたコマンチ族をはじめ、アメリカ先住民諸部族のお気に入りになった

262-263 ペイントホースはサラブレッドをゆうにしのぐスピードが出せる。ウエスタン乗馬の全種目に秀で、全力疾走していてもすばやく反応することができる

パンパの征服者

アルゼンチン ■ パンパ

疲れを知らないクリオロは、
新世界を征服せんとする人間たちと行動をともにした。

かつて「インディアス」と呼ばれた地に、馬はいなかった。馬は16世紀、スペインのコンキスタドール（征服者）たちが（多くはクリストファー・コロンブスと同じ航路をたどって）やってきたとき一緒に持ち込まれた。入植者が奥地へと分け入るのに合わせて、ヨーロッパから輸入された馬や、何より現地で繁殖した馬が、一帯に広がっていった。このようにして生まれた“新しい”馬たちは「クリオロ」と名づけられた。これは、スペイン、フランス、ポルトガルのラテンアメリカ植民地で生まれたヨーロッパ系の人々を指す「クレオール」という言葉に由来する。

この重要な品種の特徴が定義されるまでの歴史を余すところなく知るためには、鍵となるいくつかの出来事にさかのぼらなければならない。そのひとつが、先住民によるブエノスアイレスの征服である。1541年、当時サンタ・マリーア・デル・ブエン・アイレと呼ばれていたこの都市をスペイン人が放棄し、そこで飼われていた馬のほとんどが周辺の地域に散り散りになってしまった。ひとたび自由の身になると、彼らは理想的な生息地をみつけ、瞬く間にその地に適応した。実際、彼らが繁殖をはじめた広大な地域は、ある種の奇跡をもたらした。馬たちはみるみる原始的本能を取り戻し、野生に帰ったのである。その後も増え続け、いくつもの群れを生み出し、数十年かそこらで、アルゼンチンの草原地帯の主となった。大自然は独自の理（ことわり）で本来自分のものであった馬を取り戻した。仕上げは、広大なパンパの、夏は暑く冬は寒い、厳しい環境が引き受けてくれた。つまり、クリオロの形態と優れた資質を、徐々に鍛えあげていったのである。

しかし、人間も手をこまねいてはいなかった。こうした野生馬の捕獲をはじめたのである。パンパに新天地を見出したのもつかのま、馬は再び鞍をつけられたり荷車につながれたりするようになった。もっとも、そういった馬たちは、もはやコンキスタドールのもとを逃げ出した祖先たちとは別の種だった。何十年ものあいだ野生の生活を営んだ結果、彼らは人間に飼われていたときとは大きく変わってしまったのだ。昔の馬ほど美しくも優雅でもなかったが、小柄ではあるものの頑丈で厳しい環境に負けない耐久力を持ち、心身のバランスが非常に良い馬であった。こうして生まれたアルゼンチニアン・クリオロは、アンダルシア馬、バルブ馬、アラブ種の優れた資質を合わせ持つ存在で、それは厳しく非情な自然淘汰のおかげでもあった。

ガウチョ（スペイン人と先住民の混血）たちは野生馬を捕まえ、再び調教してはさまざまな日常作業に利用した。そして、クリオロを優れた馬へと進化させる決定的なもう一歩を踏み出した。その選別は、馬の群れとともに働きながら自然に行われた。たくましさ、御しやすさ、

265 クリオロという呼び名は「クレオール」から来ている。クレオールは普通、フランス人、スペイン人、またはポルトガル人を両親に持つラテンアメリカ生まれの白人を指すのに使われる。南米の馬は先史時代に絶滅してしまったが、スペインのコンキスタドールたちによって再び持ち込まれた。

勇敢さ、足の速さなどすべてにおいて最も優れた馬が、家畜を追うのに使われた。最終的には、そのような馬だけが子孫を残すための繁殖に用いられた。こうしてクリオロは馬の背で長い時間を過ごすガウチョにとって欠くことのできない、疲れ知らずの相棒になったのである。ガウチョとクリオロは常に野外で行動をともにした。広大なパンパで、灼熱の太陽のもと、あるいは降りしきる雨のなか、日々の仕事をこなすうちに、彼らのあいだに特異な共生関係が育まれていった。1年365日、お互いを頼り、夜も眠るときにほんの数時間離れるだけという生活だった。離れるといっても、それは形だけのものに過ぎない。なぜならガウチョは"リカード"、つまり鞍をベッド代わりに使ったからだ。ガウチョとクリオロという分かちがたい組み合わせがどうして生まれたのかを理解するのは難しくない。双方とも、誇り、勇気、名誉、そして何よりも自由を愛する精神の象徴であるとともに、南アメリカを代表する存在のひとつであり、アルゼンチン経済の成長に欠かせない基本要素のひとつでもあるからである。

266-267　ガウチョはアルゼンチンのパンパで暮らすカウボーイだ。仕事に追われる長い1日、彼らはほぼずっと馬の背に揺られて家畜の世話をし、牧場から牧場へと群れを移動させる

954

268-269　熟練の調教師であるガウチョは、大平原に住む野生馬を捕えては騎乗と牧畜のために馴らし、クリオロという品種を生み出した

269　ガウチョは1年365日、雨が降ろうが槍が振ろうが馬に乗る。彼らの仕事は野生馬を飼い馴らし、家畜の群れを追うことだ

著者

Susanna Cottica（スサンナ・コッティカ）

イタリアのローディに生まれる。ミラノのサクロ・クオーレ・カトリック大学の現代語学科を卒業。2001年からイタリア・ジャーナリスト協会の会員。イタリア馬術連盟の乗馬指導者資格3級を持ち、障害飛越を専門とする優れた馬術家でもある。乗馬の分野で精力的に活動し、「Cavalli & Cavalieri（馬と騎手）」および「Il Mio Cavallo（私の馬）」の両誌に寄稿。また、フランスのオリンピック乗馬選手ミシェル・ロベールについて書かれた『Carnet de champion（王者の手記）』のイタリア語版の翻訳と編集を手がけた。

Luca Paparelli（ルカ・パパレッリ）

イタリアのペルージャに生まれる。馬術競技と馬の生産を専門とするプロのジャーナリストで、その経験は20年に及ぶ。国内外の馬術競技および馬の生産に精通。生産に関する主要イベントには欠かさず参加し、「Cavalli & Cavalieri（馬と騎手）」および「Il Mio Cavallo（私の馬）」にそのレポートを寄稿している。また、両誌には馬術競技やそれ以外の様々な記事も書いており、競技会やイベントへこまめに足を運ぶ。ヨーロッパで行われるすべての馬術競技をチェックし、目にとまった若駒についても原稿を寄せる。

さらに詳しく知るためには

アイスランド
5つの歩様を持つ馬
Contact the FEIF (International Federation of Icelandic Horse Associations), website www.feif.org.

ノルウェー
女神たちの駆る馬
An international association based in Norway, the FHI (Fjord Horse International), website www.fjhi.org/, aims to bring together breeding and promotional activities of the various associations around the world.

アイルランド
エールと呼ばれし地より
For information about the region and the Connemara Pony in particular visit the www.britishconnemaras.co.uk and www.connemara.net websites.

貴重な斑毛
There are various Irish Cob associations. The main one is the Irish Cob Society, based in Ireland, website www.irishcobsociety.com - e-mail info@irishcobsociety.com.

イギリス
シェトランド諸島の小さな馬
The most important association dedicated to the Shetland Pony is the Shetland Pony Stud-Book Society, which is based in Scotland, website www.shetlandponystudbooksociety.co.uk - e-mail enquiries@shetlandponystudbooksociety.co.uk.

ドイツ
馬の日
For further information about the Rosstag, contact the Tourist Office in Tegernsee: Tegernseer Tal Tourismus GmbH, Hauptstraße 2, 83684 Tegernsee, Germany – Tel. +49-8022-927380 – Fax: +49-8022-9273822 – e-mail info@tegernsee.com.
More information is also available on the following sites: www.rottach-egern.de/ and www.tegernsee.com / Veranstaltungen/rosstag.html.

スイス
ホワイト・ターフと雪上ポロ
For further information visit the following web sites: www.whiteturf.ch for the White Turf meeting, www.stmoritz-concours.ch for the horse show and www.polostmoritz.com for the polo tournament.

フランス
国立馬術学校のカドルノワール
For further information on the Ecole Nationale d'Equitation et du Cadre Noir and performances, visit the official site: www.cadrenoir.fr.

三角州の馬たち
For more information on the Camargue horse, contact the A.E.C.R.C. (Association des Éleveurs de Chevaux de Race Camargue) (Association of Camargue Horse Breeders), website www.aecrc.com (Parc Naturel Régional de Camargue Mas du Pont de Rousty, 13200 Arles - Tel +33- 4-90971925 - Fax +33-4-90971207 - contact@aecrc.com).

イタリア
ブロンドの山岳馬
Visit the www.haflinger.eu site for more information; for details about the folkloric events refer to www.alta-badia.org/it.

サ・サルティリア（騎馬祭り）
For further information, contact the Sa Sartiglia nonprofit Social Foundation, website www.sartiglia.info. The headquarters in Oristano are in piazza Eleonora 26, 09170 Oristano – Tel. +39-0783-303159 – e-mail info@sartiglia.info.

モロッコ
歴史の主役
To see the Barbs in Algeria, contact the Stud Farm in Tiaret, website www.harastiaret.com.

モンゴル
最も野生に近い馬
For more information visit the website of the FPPPH (Foundation for the Preservation and Protection of the Przewalski Horse), http://www.treemail.nl/takh/.

アメリカ合衆国
ロデオ
For all information on rodeos in the U.S. contact the NPRA (National Professional Rodeo Association), PO Box 212, Mandan, 58554 North Dakota (United States) - Phone +1-701-6634973 - Fax +1-701-6635008 - website: www.npra.com.

西部から世界へ
The AQHA (American Quarter Horse Association), which has member associations all over the world, is based in Amarillo, Texas, website www.aqha.com.

北アメリカの斑毛
To learn more, visit the ApHC (Appaloosa Horse Club) web site (www.appaloosa.com).

写真クレジット

Page 1 Juniors Bildarchiv/Photolibrary.com
Pages 4-5 Juniors Bildarchiv/Photolibrary.com
Pages 6-7 Marcello Libra
Page 9 Gabriele Boiselle/Archiv Boiselle
Pages 12-13 Juniors Bildarchiv/Photolibrary.com
Pages 14-15 Sodapix/Photolibrary.com
Page 16 Juniors Bildarchiv/Photolibrary.com
Page 17 Justus de Cuveland/Photolibrary.com
Page 18 Marcello Libra
Pages 18-19 Marcello Libra
Pages 20-21 Joerg Hauke/Photolibrary.com
Page 22 Photolibrary.com
Page 23 Photolibrary.com
Page 24 Gabriele Boiselle/Archiv Boiselle
Page 25 Gabriele Boiselle/Archiv Boiselle
Page 27 World Pictures/Photoshot
Pages 26-27 Arctic-Images/Getty Images
Pages 28-29 Photoshot
Page 29 Duncan Usher/ardea.com
Pages 30-31 Archiv Boiselle
Page 31 Archiv Boiselle
Page 32 Juniors Bildarchiv/Tips Images
Pages 32-33 Juniors Bildarchiv/Photolibrary.com
Pages 34-35 Manfred Grebler/Photolibrary.com
Page 36 Juniors Bildarchiv/Photolibrary.com
Page 37 Juniors Bildarchiv/Photolibrary.com
Page 38 Juniors Bildarchiv/Photolibrary.com

Page 39 Mark J. Barrett
Page 40 Arco Digital Images/Tips Images
Page 41 (上) Arco Digital Images/Tips Images
Page 41 (下) Arco Digital Images/Tips Images
Page 42 Juniors Bildarchiv/Photolibrary.com
Pages 42-43 Juniors Bildarchiv/Photolibrary.com
Pages 44-45 Bob Langrish
Page 46 Jouan & Rius/naturepl.com/Contrasto
Pages 46-47 Steffen & Alexandra Sailer/ardea.com
Pages 48-49 Ulrich Neddens/Archiv Boiselle
Page 50 Mark Bowler/naturepl.com/Contrasto
Page 51 Mark Bowler/naturepl.com/Contrasto
Pages 52-53 Mark J. Barrett
Page 52 Mark J. Barrett
Page 54 Bob Langrish
Pages 54-55 Cynthia Balbauf/Getty Images
Page 56 Neil Tingle/Corbis
Pages 56-57 Robert Hallam/BPI/Corbis
Page 58 Action Images/Henry Browne/LaPresse
Pages 58-59 Alan Crowhurst/epa/Corbis
Page 60 Alan Crowhurst/epa/Corbis
Page 61 Reuters/Luke MacGregor/Contrasto
Pages 62-63 Leo Mason/Corbis
Page 64 Walter Bibikow/Photolibrary.com
Pages 64-65 Latitudestock/Getty Images
Pages 66-67 Heiner Heine/Photolibrary.vom
Page 68 Mauritius Images/CuboImages
Pages 68-69 Mauritius Images/CuboImages
Pages 70-71 Mark J. Barrett
Page 72 Juniors Bildarchiv/Photolibrary.com
Page 73 Gabriele Boiselle/Archiv Boiselle
Pages 74-75 Juniors Bildarchiv/Photolibrary.com
Page 76 Mauritius Images/CuboImages
Pages 76-77 Horst Mahr/Photolibrary.com
Page 78 Imagebroker.net/Photoshot
Pages 78-79 Siepmann/Photolibrary.com
Page 80 Scott Barbour/Getty Images
Pages 80-81 Anton J. Geisser/marka.it
Page 82 (上) Michael Steele/Getty Images
Page 82 (下) John Warburton-Lee/
Danita Delimont.com
Pages 82-83 Tommaso Di Girolamo/Tips Images
Pages 84-85 Arno Balzarini/Photoshot
Page 85 (左) Scott Barbour/Getty Images
Page 85 (右) Scott Barbour/Getty Images
Pages 86-87 Jacques Toffi/Archiv Boiselle
Page 87 Jacques Toffi/Archiv Boiselle
Page 89 L. Lenz/marka.it
Page 90 M. Watson/ardea.com
Page 91 Pixtal Images/Photolibrary.com
Page 92 Jean Pierre Le Nai/Photo12
Pages 92-93 Courtesy of the Cadre Noir - Saumur
Page 94 Courtesy of the Cadre Noir - Saumur
Pages 94-95 Courtesy of the Cadre Noir - Saumur
Page 96 Bob Langrish
Pages 96-97 Bob Langrish
Page 98 M. Watson/ardea.com
Pages 98-99 Photolibrary.com
Page 100 M. Watson/ardea.com
Pages 100-101 K. Wothe/marka.it
Page 102 Photolibrary.com
Page 103 Photolibrary.com
Page 104 (上) Radius Images/marka.it
Page 104 (下) Photolibrary.com
Page 104-105 K. Wothe/marka.it
Page 106 Courtesy of J. Rey/Cheval Passion
Page 107 Courtesy of J. Rey/Cheval Passion
Page 108 Courtesy of J. Rey/Cheval Passion
Page 108-109 Courtesy of J. Rey/Cheval Passion
Pages 110-111 Christiane Slawik/Archiv Boiselle
Page 112 Juniors Bildarchiv/Photolibrary.com
Page 113 Juniors Bildarchiv/Photolibrary.com
Pages 114-115 Stefano Scatà/Tips Images
Page 115 Stefano Scatà/Tips Images
Pages 116-117 Archiv Boiselle
Pages 118-119 Vallecillos/marka.it
Page 119 World Pictures/Photoshot
Page 120 (上) Lucas Vallecillos/marka.it
Page 120 (下) Sylvain Grandadam/marka.it
Pages 120-121 Lucas Vallecillos/marka.it
Page 122 Archiv Boiselle
Pages 122-123 Quadriga Images/Photolibrary.com
Page 124 Archiv Boiselle
Page 125 Archiv Boiselle
Pages 126-127 Antonio Attini/Archivio White Star
Page 127 Antonio Attini/Archivio White Star
Page 128 Index Stock/Tips Images
Pages 128-129 Peter Adams/JAI/Corbis
Pages 130-131 Archiv Boiselle
Page 131 Archiv Boiselle
Pages 132-133 Joan Mercadal/marka.it
Page 133 Marco Simoni/Photolibrary.com
Pages 134-135 Marco Simoni/Photolibrary.com
Pages 136-137 Juniors Bildarchiv/Photolibrary.com
Page 138 Juniors Bildarchiv/Photolibrary.com
Page 139 Juniors Bildarchiv/Photolibrary.com
Pages 140-141 imagebroker rf/Photolibrary.com
Pages 142-143 Gabriele Boiselle/Archiv Boiselle
Page 143 Gabriele Boiselle/Archiv Boiselle
Pages 144-145 Forget-Gautier/Photolibrary.com
Pages 146-147 Archiv Boiselle
Page 148 Gabriele Boiselle/Archiv Boiselle
Pages 148-149 Sandra Hoffmann/Archiv Boiselle
Page 150 Marcello Bertinetti/Archivio White Star
Page 151 Aris Mihich/Tips Images
Pages 152-153 Stefano Secchi
Page 154 Fotostudiodonati/marka.it
Pages 154-155 Giulio Andreini/marka.it
Pages 156-157 Giulio Andreini/marka.it
Page 157 (下) Carlo Ferraro/EPA/Corbis
Page 157 (上) AFP/Getty Images
Page 158 Stefano Secchi
Pages 160-161 Giulio Veggi/Archivio White Star
Page 162 Stefano Secchi
Page 163 Enrico Spanu/Photolibrary.com
Page 164 Kopp/Photolibrary.com
Pages 164-165 Bob Langrish
Pages 166-167 Bob Langrish
Page 167 R. Polini/Panda Photo
Page 168 Bob Langrish
Pages 168-169 Bob Langrish
Page 170 Gabriele Boiselle/Archiv Boiselle
Pages 170-171 Christiane Slawik/Archiv Boiselle
Pages 172-173 Craig Lovell/Corbis
Pages 174-175 Gabriele Boiselle/Archiv Boiselle
Page 176 AFP/Getty Images
Pages 176-177 Atlantide Phototravel/Corbis
Page 178 Jerry Cooke/Corbis
Pages 178-179 Jerry Cooke/Corbis
Pages 180-181 Jerry Cooke/Corbis
Pages 182-183 Gabriele Boiselle/Archiv Boiselle
Page 183 Gabriele Boiselle/Archiv Boiselle
Pages 184-185 Gabriele Boiselle/Archiv Boiselle
Page 186 Juniors Bildarchiv/Photolibrary.com
Pages 186-187 Juniors Bildarchiv/Photolibrary.com
Pages 188-189 Juniors Bildarchiv/Photolibrary.com
Pages 190-191 Juniors Bildarchiv/Photolibrary.com
Page 191 Juniors Bildarchiv/Photolibrary.com
Pages 192-193 Gabriele Boiselle/Archiv Boiselle
Page 193 Gabriele Boiselle/Archiv Boiselle
Page 194 (上) Gabriele Boiselle/Archiv Boiselle
Page 194 (下) Gabriele Boiselle/Archiv Boiselle
Pages 194-195 Gabriele Boiselle/Archiv Boiselle
Page 196 Bob Langrish
Page 197 Bob Langrish
Pages 198-199 Bob Langrish
Page 199 Bob Langrish
Pages 200-201 Reuters/Goran Tomasevic/Contrasto
Pages 200 Ap/LaPresse
Page 201 Daniel Biskup/Laif/Contrasto
Pages 202-203 Ap/LaPresse
Pages 204-205 Jean Michel Labat/ardea.com
Page 206 Jürgen Schulzki/Photolibrary.com
Page 207 Eric Baccega/naturepl.com/Contrasto
Pages 208-209 Brian McDairmant/ardea.com
Page 210 (左) Stefano Pensotti/marka.it
Page 210 (右) Bjorn Svensson/Photolibrary.com
Pages 210-211 Craig Lovell/Corbis
Page 212 Bjorn Svensson/Photolibrary.com
Pages 212-213 Alessandra Menicozzi/Tips Images
Page 214 Stefano Pensotti/marka.it
Pages 214-215 Craig Lovell/Corbis
Page 216 Christopher Pillitz/In Pictures/Corbis
Pages 216-217 Christopher Pillitz/Getty Images
Page 218 Christiane Slawik/Archiv Boiselle
Pages 218-219 Christiane Slawik/Archiv Boiselle
Pages 220-221 Christopher Pillitz/Getty Images
Page 221 Christopher Pillitz/Getty Images
Page 222 Martin Philbey/epa/Corbis
Page 223 LOOK-foto/CuboImages
Page 224 William West/AFP/Getty Images
Pages 224-225 Robert Cianflone/Getty Images
Page 226 Joe Castro/epa/Corbis
Page 227 Robert Cianflone/Getty Images
Pages 228-229 Bill Brooks/Masterfile
Page 229 Robert Harding/CuboImages
Page 230 (上) Roy Ooms/Masterfile
Page 230 (下) Roy Ooms/Masterfile
Pages 230-231 Roy Ooms/Masterfile
Page 232 Larry MacDougal/epa/Corbis
Pages 232-233 Moritz Schönberg/Masterfile
Pages 234-235 Fotosearch Premium/Photolibrary.com
Page 235 John Annerino
Pages 236-237 Robert McGouey/marka.it
Page 238 Shattil Rozinski/naturepl/Contrasto
Page 239 Carol Walker/naturpl.com/Contrasto
Pages 240-241 Photolibrary.com
Page 241 Carol Walker/naturpl.com/Contrasto
Page 242 Carol Walker/naturpl.com/Contrasto
Pages 242-243 Kristel Richard/naturepl.com/Contrasto
Pages 244-245 Mark J. Barrett
Page 245 Mark J. Barrett
Pages 246-247 Frank Lukasseck/Getty Images
Page 248 Juniors Bildarchiv/Photolibrary.com
Page 249 Juniors Bildarchiv/Photolibrary.com
Pages 250-251 Mark J. Barrett
Page 251 Juniors Bildarchiv/Photolibrary.com
Pages 252-253 Mark J. Barrett
Page 254 Photolibrary.com
Page 255 Photolibrary.com
Page 257 Carol Walker/naturpl.com/Contrasto
Pages 258-259 Bob Langrish
Page 259 Rolf Kopfle/ardea.com
Page 260 Rolf Kopfle/ardea.com
Pages 260-261 Rolf Kopfle/ardea.com
Page 261 Rolf Kopfle/ardea.com
Page 262 M. Watson/ardea.com
Pages 262-263 Sunset/Tips Images
Pages 264-265 Bob Langrish
Pages 266-267 Christopher Pillitz/Getty Images
Pages 268-269 Christopher Pillitz/Getty Images
Page 269 Christopher Pillitz/Getty Images

Cover
A Lusitano Horse - © Juniors Bildarchiv/Photolibrary.com

■監訳者

末崎真澄 Masumi Suezaki

（公財）馬事文化財団参与、馬の博物館前学芸部長。専門は馬の美術工芸史（馬の考古・美術工芸史および馬学）。
1948年福岡県生まれ。1974年早稲田大学政経学部経済学科卒業後、1976年より日本中央競馬会・馬の博物館研究員となり、1989年より学芸部長。2009～2018年（公財）馬事文化財団理事・馬の博物館副館長、および聖心女子大学講師（史学科）。ほかに古代オリエント博物館評議員、日本ウマ科学会監事、生き物文化誌学会監事なども務める。
主な著書は、『ハミの発明と歴史』（神奈川新聞社）、『図説 馬の博物誌』（編集、河出書房新社）、『日本馬具大鑑 4 近世』『人と動物の日本史』（ともに分担執筆、吉川弘文館）ほか。馬の文化に関する講演だけでなく、NHKスペシャルドラマ「坂の上の雲」（2009～2011年）の騎兵考証なども行っている。

世界の馬 伝統と文化

2019年5月20日　第1刷発行 ©

著　者……………スサンナ コッティカ　ルカ パパレッリ Susanna Cottica，Luca Paparelli
監訳者……………末崎真澄
翻訳者……………定木大介
発行者……………森田　猛
発行所……………株式会社 緑書房
〒103-0004
東京都中央区東日本橋3丁目4番14号
TEL 03-6833-0560
http://www.pet-honpo.com

日本語版編集……………石井秀昌
翻訳・編集協力……………リリーフ・システムズ
印刷所……………図書印刷

ISBN 978-4-89531-372-8　Printed in Japan
落丁・乱丁本は弊社送料負担にてお取り替えいたします。